"十四五"职业教育国家规划教材

国家职业教育软件技术专业
教学资源库配套教材

高等职业教育计算机类课程
新形态一体化教材

Python
程序设计
（第2版）

▶ 主　编　黄锐军
▶ 副主编　许志良

中国教育出版传媒集团

高等教育出版社·北京

内容简介

本书为"十四五"职业教育国家规划教材，也是国家职业教育软件技术专业教学资源库配套教材。

本书从 Python 的基本语法开始，由浅入深、循序渐进地引导读者使用 Python 进行程序设计，主要内容包括：Python 的环境搭建与基本程序结构，Python 的条件、循环、异常等程序语句，函数与模块，常用的数据类型，面向对象编程，文件操作，数据库操作，网络编程以及实用的综合案例。

本书配有微课视频、课程标准、授课用 PPT 等丰富的数字化学习资源。与本书配套的数字课程"Python 程序设计"已在"智慧职教"平台（www.icve.com.cn）上线，学习者可登录平台在线学习，授课教师可调用本课程构建符合自身教学特色的 SPOC 课程，详见"智慧职教"服务指南。本书同时配有 MOOC 课程，学习者可以访问"智慧职教 MOOC 学院"（mooc.icve.com.cn）进行在线开放课程学习。教师也可发邮件至编辑邮箱 1548103297@ qq.com 获取相关资源。

本书可作为高等职业院校计算机专业"Python 程序设计"课程的教材，也可供软件设计人员参考使用。

图书在版编目（CIP）数据

Python 程序设计／黄锐军主编.-- 2 版.--北京 ：高等教育出版社，2021.9（2024.12 重印）

ISBN 978-7-04-056291-0

Ⅰ.①P… Ⅱ.①黄… Ⅲ.①软件工具-程序设计-高等职业教育-教材 Ⅳ.①TP311.561

中国版本图书馆 CIP 数据核字（2021）第 122324 号

策划编辑	傅 波	责任编辑	傅 波	封面设计	李树龙	版式设计	杜微言
责任校对	刘娟娟	责任印制	张益豪				

出版发行	高等教育出版社	网　　址	http://www.hep.edu.cn	
社　　址	北京市西城区德外大街 4 号		http://www.hep.com.cn	
邮政编码	100120	网上订购	http://www.hepmall.com.cn	
印　　刷	北京鑫海金澳胶印有限公司		http://www.hepmall.com	
开　　本	787mm×1092mm　1/16		http://www.hepmall.cn	
印　　张	18.5	版　　次	2018 年 3 月第 1 版	
字　　数	310 千字		2021 年 9 月第 2 版	
购书热线	010-58581118	印　　次	2024 年 12 月第 11 次印刷	
咨询电话	400-810-0598	定　　价	49.00 元	

本书如有缺页、倒页、脱页等质量问题，请到所购图书销售部门联系调换

版权所有　侵权必究

物 料 号　56291-A0

"智慧职教"服务指南

"智慧职教"（www. icve. com. cn）是由高等教育出版社建设和运营的职业教育数字教学资源共建共享平台和在线课程教学服务平台，与教材配套课程相关的部分包括资源库平台、职教云平台和 App 等。用户通过平台注册，登录即可使用该平台。

● 资源库平台：为学习者提供本教材配套课程及资源的浏览服务。

登录"智慧职教"平台，在首页搜索框中搜索"Python 程序设计"，找到对应作者主持的课程，加入课程参加学习，即可浏览课程资源。

● 职教云平台：帮助任课教师对本教材配套课程进行引用、修改，再发布为个性化课程（SPOC）。

1. 登录职教云平台，在首页单击"新增课程"按钮，根据提示设置要构建的个性化课程的基本信息。

2. 进入课程编辑页面设置教学班级后，在"教学管理"的"教学设计"中"导入"教材配套课程，可根据教学需要进行修改，再发布为个性化课程。

● App：帮助任课教师和学生基于新构建的个性化课程开展线上线下混合式、智能化教与学。

1. 在应用市场搜索"智慧职教 icve"App，下载安装。

2. 登录 App，任课教师指导学生加入个性化课程，并利用 App 提供的各类功能，开展课前、课中、课后的教学互动，构建智慧课堂。

"智慧职教"使用帮助及常见问题解答请访问 help. icve. com. cn。

总　序

　　国家职业教育专业教学资源库是教育部、财政部为深化高职院校教育教学改革，加强专业与课程建设，推动优质教学资源共建共享，提高人才培养质量而启动的国家级建设项目。2011 年，软件技术专业被教育部、财政部确定为高等职业教育专业教学资源库立项建设专业，由常州信息职业技术学院主持建设软件技术专业教学资源库。

　　按照教育部提出的建设要求，建设项目组聘请了中国科学技术大学陈国良院士担任资源库建设总顾问，确定了常州信息职业技术学院、深圳职业技术学院、青岛职业技术学院、湖南铁道职业技术学院、长春职业技术学院、山东商业职业技术学院、重庆电子工程职业学院、南京工业职业技术学院、威海职业学院、淄博职业学院、北京信息职业技术学院、武汉软件工程职业学院、深圳信息职业技术学院、杭州职业技术学院、淮安信息职业技术学院、无锡商业职业技术学院、陕西工业职业技术学院 17 所院校和微软（中国）有限公司、国际商用机器（中国）有限公司（IBM）、思科系统（中国）网络技术有限公司、英特尔（中国）有限公司等 20 余家企业作为联合建设单位，形成了一支学校、企业、行业紧密结合的建设团队。依据软件技术专业"职业情境、项目主导"人才培养规律，按照"学中做、做中学"教学思路，较好地完成了软件技术专业资源库建设任务。

　　本套教材是"国家职业教育软件技术专业教学资源库"建设项目的重要成果之一，也是资源库课程开发成果和资源整合应用实践的重要载体。教材体例新颖，具有以下鲜明特色。

　　第一，根据学生就业面向与就业岗位，构建基于软件技术职业岗位任务的课程体系与教材体系。项目组在对软件企业职业岗位调研分析的基础上，对岗位典型工作任务进行归纳与分析，开发了"Java 程序设计""软件开发与项目管理"等 14 门基于软件企业职业岗位的课程教学资源及配套教材。

　　第二，立足"教、学、做"一体化特色，设计三位一体的教材。从"教什么，怎么教""学什么，怎么学""做什么，怎么做"三个问题出发，每门课程均配套课程标准、学习指南、教学设计、电子课件、微课视频、课程案例、习题试题、经验技巧、常见问题及解答等在内的丰富的教学资源，同时与企业开发了大量的企业真实案例和培训资源包。

　　第三，有效整合教材内容与教学资源，打造立体化、自主学习式的新形态一体化教材。教材创新采用辅学资源标注，通过图标形象地提示读者本教学内容所配备的资源类型、内容和用途，从而将教材内容和教学资源有机整合，浑然一体。通过对"知识点"提供与之对应的微课视频二维码，让读者以纸质教材为核心，通过互联网尤其是移动互联网，将多媒体的教学资源与纸质教材有机融合，实现"线上线下互动，新旧媒体融合"，成为"互联网+"时代教材功能升级和形式创新的成果。

第四，遵循工作过程系统化课程开发理论，打破"章、节"编写模式，建立了"以项目为导向，用任务进行驱动，融知识学习与技能训练于一体"的教材体系，体现高职教育职业化、实践化特色。

第五，本套教材装帧精美，采用双色印刷，并以新颖的版式设计，突出重点概念与技能，仿真再现软件技术相关资料。通过视觉效果搭建知识技能结构，给人耳目一新的感觉。

本套教材几经修改，既具积累之深厚，又具改革之创新，是全国近20余所院校和20多家企业的110余名教师、企业工程师的心血与智慧的结晶，也是软件技术专业教学资源库3年建设成果的又一次集中体现。我们相信，随着软件技术专业教学资源库的应用与推广，本套教材将会成为软件技术专业学生、教师、企业员工立体化学习平台中的重要支撑。

国家职业教育软件技术专业教学资源库项目组

第 2 版前言

Python 是一种十分优美的程序设计语言，在近年来得到了广泛的应用。Python 语言具有开源、免费、功能强大、语法简洁清晰、简单、数据类型丰富、面向对象等特点，非常适合初学者学习。而且 Python 有十分丰富的程序包，无论用户要干什么，基本都能找到一个程序包来满足自己的要求，这也是 Python 的魅力所在。

本书从 Python 的基本语法开始，由浅入深、循序渐进地引领读者进入 Python 的世界。全书分为 9 章，第 1 章介绍 Python 的环境搭建与基本程序结构；第 2 章介绍 Python 的条件、循环、异常等程序语句；第 3 章介绍函数与 Python 的主要组成部分——模块；第 4 章介绍 Python 中常用的数据类型；第 5 章介绍 Python 面向对象编程，读者会发现面向对象在 Python 中也是如此简单；第 6 章介绍 Python 的文件操作，它十分类似 C 语言的文件操作规则；第 7 章介绍 Python 的数据库操作，主要介绍 MySQL 与 SQLite 数据库的操作；第 8 章介绍 Python 的网络操作，主要涉及 TCP 的 Socket 通信操作。第 9 章引入 5 个案例，对前面的知识进行了综合运用。

本次修订加印，为加快推进党的二十大精神进教材、进课堂、进头脑，增加"外汇数据分析""文件上传与下载""线性回归"等拓展阅读内容，通过网络化、智能化的创新内容，贯彻"开辟发展新领域新赛道，不断塑造发展新动能新优势"等精神；对原有案例进行优化，融入课程思政元素，如结合大数据时代与 Python 在大数据处理中独特的功能应用，介绍国家大数据战略的相关内容，激发学生树立自立自强的信心；通过探究哥德巴赫猜想的综合案例，介绍我国数学家陈景润的成就，激发学生的科学钻研精神，贯彻"坚持科技是第一生产力、人才是第一资源、创新是第一动力"的精神。

本书为"十四五"职业教育国家规划教材，也是国家职业教育软件技术专业资源库配套教材，配套开发了丰富的数字化资源，见下表所示。

序号	资源名称	表现形式与内涵
1	课程简介	Word 文档，包括对课程内容简单介绍和对课时、适用对象等项目的介绍，让读者对课程有简单的认识
2	课程标准	Word 文档，包括课程定位、课程目标要求以及课程内容与要求，可供教师备课时使用
3	电子课件	PPT 文件，可以直接使用，也可根据实际需要加以修改后使用
4	微课	MP4 视频文件，提供给读者更加直观的学习，有助于学习知识

本书配有微课视频、课程标准、授课用 PPT 等丰富的数字化学习资源。与本书配套的数字课程"Python 程序设计"已在"智慧职教"平台（www. icve. com. cn）上线，学习者可以

登录平台进行在线学习及资源下载，授课教师可以调用本课程构建符合自身教学特色的 SPOC 课程，详见"智慧职教"服务指南。本书同时配有 MOOC 课程，学习者可以访问"智慧职教 MOOC 学院"（mooc. icve. com. cn）和中国大学 MOOC（www. icourse163. org）进行在线开放课程学习。教师也可发邮件至编辑邮箱 1548103297@ qq. com 获取相关资源。

由于作者水平有限，难免有讲解不周或者有错误的地方，欢迎批评指正。

编　者

2023 年 6 月

目　　录

第**1**章

Python程序基础

本章重点内容:

- Python 程序开发环境。
- Python 程序语句。
- Python 数据类型。
- Python 表达式。
- 实践项目:学生成绩计算。
- 练习1。

微课 1-1
开发环境

PPT 开发环境
PPT

拓展案例

1.1 Python程序开发环境

1.1.1 教学目标

使用 Python 开发程序，首先要搭建 Python 的开发环境，包括 Python 的解释器与程序编辑的 IDE 工具。本节的教学目标就是搭建这个开发环境。

1.1.2 Python开发环境搭建

Python 是一种面向对象的解释型计算机程序设计语言，由荷兰人 Guido Van Rossum 于 1989 年发明。Python 的第一个公开发行版于 1991 年发行。

Python 语言具有以下特点。

- 开源、免费、功能强大。
- 语法简洁清晰，强制用空白符（white space）作为语句缩进。
- 具有丰富和强大的库。
- 易读、易维护，用途广泛。
- 解释性语言，变量类型可变，类似 JavaScript。

Python 安装后自带一个命令行工具与小的 IDE 程序，但是该 IDE 程序功能较弱，因此在此基础上可以搭配第三方的各种 IDE 开发工具。以下是几种主流的开发工具与环境。

1. Python 自带开发环境

Python 的开发环境十分简单，用户可以登录其官网 https://www.python.org/ 中直接下载 Python 的程序包。目前，Python 有两个主流版本，一个是 Python 2.7；另外一个是 Python 3.6。这两个版本在语法上有些差异。本书主要使用 Python 3.6。

下载 Python 3.6 程序包后直接安装，选择安装目录，在短短几分钟内就可以完成安装。Python 安装完毕后，在 Windows 的启动菜单中就可以看到 Python 3.6 的启动菜单，启动 Python 3.6 可以看到 Python 的命令行界面，其中 ">>>" 后面就是输入命令的地方，例如输入：

```
print("Hi,everyone")
```

按 Enter 键后就会显示输出"Hi,everyone"的结果，如图 1-1-1 所示。

该环境是命令行环境，只能运行一些简单的测试语句，显然不能用它来编写程序。Python 自带一个 IDE，但是该 IDE 的功能十分有限，不适合开发

Python 工程项目。

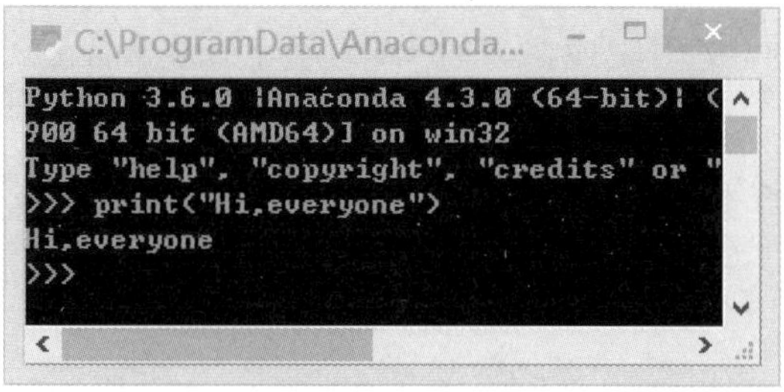

图 1-1-1

2. PyCharm 与 Python 的开发环境

比较流行的开发环境是 PyCharm。它的风格类似 Eclipse，是一种专门为 Python 开发的 IDE，带有一整套可以帮助用户在使用 Python 语言开发时提高其效率的工具，如调试、语法高亮、Project 管理、代码跳转、智能提示、自动完成、单元测试、版本控制等。

可以登录 PyCharm 的官网下载免费的 PyCharm Community 版本。这个版本虽然不及收费的 Professional 专业版本功能强大，但对于一般应用已经足够。图 1-1-2 所示是 PyCharm 的开发环境。

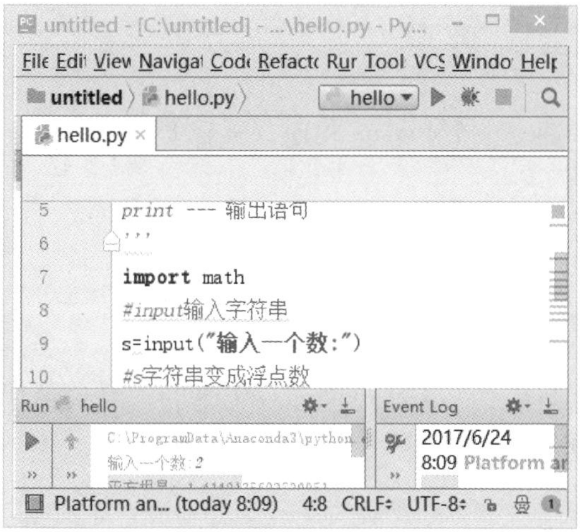

图 1-1-2

3. Anaconda 与 Python 的开发环境

另一个比较流行的开发环境是 Anaconda。该程序比较庞大，是一个十分强大的 Python 开发环境，其自带 Python 的解释器。也就是说，安装 Anaconda 时就自动安装 Python 了，同时它还带有一个功能强大的 IDE 开发工具 Spyder。

Anaconda 最大的好处是可以帮助用户找到与安装 Python 相关的各种各样的开发库，使得 Python 的开发十分方便与高效。另外 Anaconda 对 Windows 用户十分有用，因为 Python 的一些开发库在 Windows 环境下安装常常出现这样那样的问题，而 Anaconda 能顺利解决这些问题。可以登录官网下载 Anaconda。如图 1-1-3 所示是 Spyder 开发环境。

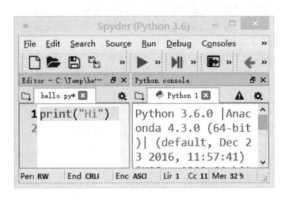

图 1-1-3

1.2　Python 程序语句

1.2.1　教学目标

在开发环境中建立一个 Python 程序，看看 Python 是如何运行程序的，它有什么特点。

1.2.2　初识 Python 程序

例 1-2-1　简单的 Python 程序。

启动 Spyder，新建一个文件 hello.py，Python 程序的文件扩展名为 py，在程序环境中输入程序：

```
print("Hi,everyone")
print("My first application")
print("Is it simple?")
```

保存它并单击"运行"按钮，就可以在 IDE 的右侧看到运行结果，如图 1-2-1 所示。

PPT　程序语句

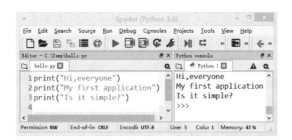

图 1-2-1

该 hello. py 程序十分简单，程序输出几句字符串，其中 print 是 Python 的输出函数，是最常用的语句之一。print 语句的格式如下：

```
print(输出项1,输出项2,……)
```

它一次可以输出很多项目，每个输出项目可以是字符串、数值等。

1.2.3　Python 程序风格

一个典型的程序往往有输入输出语句，还带有逻辑判断等。下面以计算一个数的平方根为例来写一个 Python 程序，从中可以看到 Python 程序的风格。

例 1-2-2　输入一个数，计算它的平方根。

程序：

```
import math
s=input("输入一个数:")
s=float(s)
if s>=0:
    s=math.sqrt(s)
    print("平方根是:",s)
else:
    print("负数不能开平方")
print("The End")
```

这个程序首先要使用输入语句输入一个数。Python 的输入语句如下：

```
s=input("请输入一个数:")
```

其中 input 是输入语句，语句中的字符串是提示信息。该语句执行时等待用户输入，输入完成后返回输入的字符串给 s 变量。变量就是能存储数据的内存单元，Python 变量是没有类型的，无须为变量声明类型。

输入完成后，s 变成存储了输入值的字符串，这个字符串还不是数值，不能进行开平方计算，因此还要进行转换：

```
s=float(s)
```

这条语句把 s 字符串变量转换为 float 的实数，然后再赋值给 s。此时，看到 Python 的变量是无类型的，刚才 s 是字符串，现在变成实数了。

但并不是所有的实数都能开平方，如负数就不能。为了避免负数开平方的情况发生，就必须判断 s 的范围，于是有了 if 判断语句：

```
if s>=0:
    s=math.sqrt(s)
    print("平方根是:",s)
else:
    print("负数不能开平方")
```

从程序的字面上可以看到，如果 s≥0，就计算 s 的平方根，并显示结果；否则，就显示"负数不能开平方"。

Python 的 if 语句很特别，它没有像 C 语言那样把 if 条件要执行的语句用花括号括起来，而是把语句向右边缩进了，这就是 Python 的风格，它是靠缩进语句来表示要执行的语句的，在 Spyder 等 IDE 中会自动把要缩进的语句进行缩进，用户也可以按 Tab 键或者空格键进行缩进，如图 1-2-2 所示。

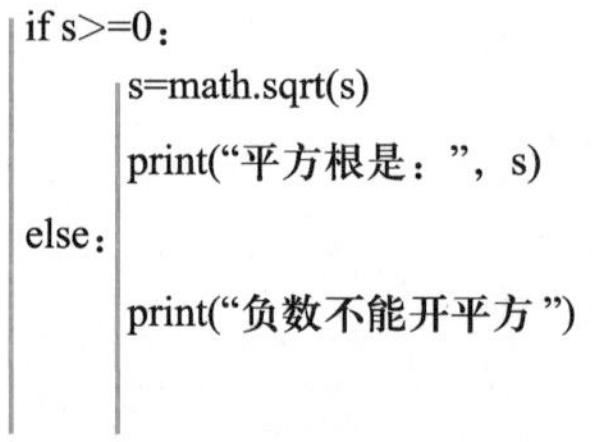

```
if s>=0：
    s=math.sqrt(s)
    print("平方根是：", s)
else：
    print("负数不能开平方")
```

语句缩进

图 1-2-2

缩进去的语句 s=math. sqrt(s)、print("平方根是:",s)、print("负数不能开平方")必须在列方向对齐，不能有错位，它们在列方向与语句 if s>=0:、else:一般相差一个 Tab 空位或者多个空格，相差多少空位是无关紧要的。

计算平方根运算现在还不能完成，需要调用 Python 中的 math 程序包，调用方法是在程序开头执行语句：

```
import math
```

然后在程序中使用 math 的 sqrt 函数计算开平方：

```
s=math.sqrt(s)
```

最后的语句：

```
print("The End")
```

的位置又回到第一列了，与前面的程序对齐。

运行本程序，输入 2，得到平方根为 1.414，如果输入 -2，就显示"负数不能开平方"，如图 1-2-3 所示。

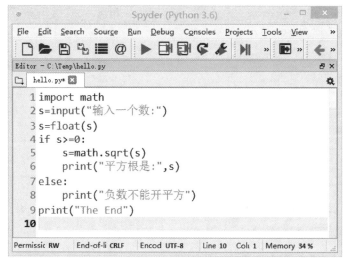

图 1-2-3

1.2.4　Python 注释语句

程序的注释语句在编译运行时不起作用，是用来注释给程序员阅读的，在程序的关键部位写上注释语句是一个良好的习惯，其可增强程序的可读性。

Python 的单行注释语句用#开始，从#开始一直到末尾的部分是注释部分，另外还可以使用连续 3 个双引号或者单引号对来注释多行。

例 1-2-3　有注释语句的程序。

```
'''
这是一个计算平方根的程序
input——输入函数
if else——判断语句
print——输出语句
```

```
"""
import math
#input 输入字符串
s=input("输入一个数:")
#s 字符串变成浮点数
s=float(s)
#判断 s
if s>=0:
    s=math.sqrt(s)    #计算平方根
    print("平方根是:",s)
else:
    print("负数不能开平方")
print("The End")    #程序结束
```

1.3 Python 数据类型

1.3.1 教学目标

程序设计中要与各种各样的数据打交道，有些数据是字符串（如学生姓名），有些数据是数值（如学生年龄），本节目标就是认识 Python 的各种各样的数据类型。

1.3.2 Python 数据类型

1. 常量

常量就是那些在程序中不变的数据，通常是那些数学数值（整数及带小数的实数），也可以是一个字符或字符串，例如：

整数常量 1、100、-1、-5、6 等；

浮点数常量 3.14、-4.56、234.78 等；

字符串常量"student" 'I am learning C programs' "a" "咳"'你好'等；

逻辑常量 True、False。

其中字符串就是一串文字，用单引号或者双引号引起来。注意，不包含任何内容的""或者''是空字符串，它不包括任何字符；而包含一个空格的" "与' '是包含一个空格的字符串。

Python 还有一些复杂的数据类型，如列表、元组、字典等，将在后面的章节中介绍。

2. 变量

变量是有名字的存储单元。变量的命名一般遵循下面的规则：

① 变量名以英文字母开始，后面可以跟若干英文字母或数字或下画线。

② 变量名区分大小写，如变量 A 与变量 a 不同。

③ 变量名不宜太长，一般最好有一定的含义。例如，用 radius 及 area 分别表示圆的半径及面积就是比较好的命名方法。

根据这些原则，a、x1、x12、xyz、name、age、student、tel、I_ am_ a_ student 等变量名字是合法的，但 1x、123、x　y 等不合法。

微课 1-2
常用数据类型

变量存储单元中存储的数据可以在程序中改变，因此以下两条语句是合法的：

```
x=2
x=x+1
```

其中 x = x+1 的含义是 x+1 使 x 的值加 1，之后把计算结果赋值给 x 变量，因此 x 值变为 3。

Python 中的变量是没有类型的，同一个变量可以存储任何数据。例如：

```
m=1  #m 是整数
m="testing"  #m 是字符串
m=3.14 #m 是浮点数
print(m)
```

1.3.3　数据类型的转换

1. 数值转换字符串

数值是指整数与浮点数，通过 str(数值) 把数值转换为字符串。例如 a = 1，b = 1.2，那么 str(a)，str(b) 的结果就是"1"，"1.2"。

2. 字符串转换数值

字符串 s 通过 int(s) 转换为整数，通过 float(s) 转换为浮点数。例如：

```
s="10"
a=int(s)
s="1.2"
b=float(s)
print(a,b)
```

结果 a、b 是 10、1.2。

注意，字符串转换为数值时，要保证该字符串看上去是一个数，不然会产生错误。例如：

```
s="1a"
a=int(s)
```

这个转换会产生错误，因为"1a"看上去不是一个有效的整数。

1.3.4　整数格式化输出

整数包括正负整数，整数的输出规则如下：

① 用%d输出一个整数。

② 用%wd输出一个整数，宽度是w，如果w>0，则右对齐；如果w<0，则左对齐；如果w的宽度小于实际整数所占的位数，则按实际整数宽度输出。

③ 用%0wd输出一个整数，宽度是w，如果w>0，则右对齐；如果实际的数据长度小于w，则右边用0填充。

④ 用%d输出的一定是整数，如果实际值不是整数，那么会转换为整数。

例 1-3-1　整数的格式化输出。

```
m=12
print("|%d|" % m)
print("|%4d|" % m)
print("|%-4d|" % m)
print("|%04d|" % m)
print("|%-04d|" % m)
m=12345
print("|%d|" % m)
print("|%4d|" % m)
print("|%-4d|" % m)
print("|%04d|" % m)
print("|%-04d|" % m)
```

结果：

```
|12|
|  12|
|12  |
|0012|
```

```
|12   |
|12345|
|12345|
|12345|
|12345|
|12345|
```

例 1-3-2　输出日期和时间。

```
year=2015
month=2
day=1
hour=8
minute=12
second=0
print("Time:% 04d-% 02d-% 02d % 02d:% 02d:% 02d" % (year,month,
day, hour,minute,second))
```

结果:

```
Time:2015-02-01 08:12:00
```

1.3.5　浮点数格式化输出

浮点数就是指数学上的实数,浮点数格式化输出的规则如下:

① 用% f 输出一个实数。

② 用% w. pf 输出一个实数,总宽度是 w,小数位占 p 位(p> = 0),如果 w>0,则右对齐;如果 w<0,则左对齐;如果 w 的宽度小于实际实数所占的位数,则按实际宽度输出。小数位一定是 p 位,按四舍五入的原则处理,如果 p=0,则表示不输出小数位。注意,输出的符号、小数点都要各占一位。

例 1-3-3　输出实数。

```
m=12.57432
print("|% f|"  % m)
print("|% 8.1f|"  % m)
print("|% 8.2f|"  % m)
print("|% -8.1f|"  % m)
print("|% -8.0f|"  % m)
```

结果：

```
|12.574320 |
|     12.6 |
|   12.57 |
|12.6      |
|13        |
```

1.3.6　字符串的输出

字符串的输出规则如下：

① 用%s输出一个字符串。

② 用%ws输出一个字符串，宽度是 w，如果 w>0，则右对齐；如果 w<0，则左对齐；如果 w 的宽度小于实际字符串所占的位数，则按实际宽度输出。

例 1-3-4　输出字符串。

```
m="ab"
print("|%s|"  % m)
print("|%8s|"  % m)
print("|%-8s|"  % m)
```

结果：

```
|ab|
|      ab|
|ab      |
```

1.4　Python 表达式

1.4.1　教学目标

程序中常常用到数据的大小比较，而关系运算与逻辑运算就是用来实现数据比较的。本节目标是掌握 Python 中这些运算的表达式规则。

1.4.2　运算符

运算符是数据的数学运算，见表 1-4-1。

表 1-4-1　运　算　符

运　算　符	描　述	实　例
+	两个对象相加	10+20 输出结果 30
−	两个对象相减	10−20 输出结果 −10
*	两个数相乘	10 * 20 输出结果 200
/	x 除以 y	20/10 输出结果 2.0
%	除法的余数	20%10 输出结果 0
* *	x 的 y 次幂	2 * * 3 为 2 的 3 次方，输出结果 8
//	取整除，商的整数部分	9//2 输出结果 4

1.4.3　关系运算

关系运算就是关于数据的大小比较的运算，共有 6 种关系运算，见表 1-4-2。

表 1-4-2　关 系 运 算

数 学 符 号	Python 关系运算符号	说　明	举　例
>	>	大于	5>2
⩾	> =	大于或等于	4>=3
<	<	小于	5<6
⩽	<=	小于或等于	5<=6
=	==	等于	5 == 5
≠	!=	不等于	2!=3

关系运算符用于连接两个表达式，形成关系运算表达式。例如：

a+b>c+d

a<=b+c

a=b

a!=c

关系运算表达式的结果是一个为 True 或 False 的逻辑值。例如 a+b>c+d，则可能 a+b 大于 c+d，此时 a+b>c+d 结果为 True；也有可能 a+b 不大于 c+d，此时 a+b>c+d 结果为 False。

数值的比较与数学上的意义一样，例如 3>2 为 True，−3>−2 为 False。

字符的比较是用字符的 Unicode 码进行的，例如" a " >" A " 为 True，因为" a " 的 Unicode 值比" A " 的大。在字符比较中有以下规律：

空格<"0"<"1"<…<"9"<"A"<"B"<…<"Z"<"a"<"b"<…<"z"<汉字

1.4.4 逻辑运算和逻辑表达式

1. 逻辑运算

逻辑运算是指对逻辑值的运算，主要有与（and）、或（or）、非（not）3 种运算，Python 语言中用 and、or、not 来表示。3 种运算的关系见表 1-4-3。

表 1-4-3 逻辑运算

运 算	举 例	说 明
and	a and b	二元运算，仅当 a、b 两者都为 True 时结果才为 True；不然为 False
or	a or b	二元运算，只要 a、b 两者之一为 True，结果就为 True；不然，为 False
not	not a	一元运算，当 a 为 True 时，结果才为 False；a 为 False 时，结果为 True

在 and、or、not 3 种运算中，非运算 not 级别最高，and 次之，or 运算级别最低。例如，逻辑式 a and b or not c 是先运算 not c，之后运算 a and b，最后运算 or。

非运算作用在 and、or 及 not 运算中有如下规则：

① not（a and b）等价于 not a or not b。

② not（a or b）等价于 not a and not b。

③ not（not a）等价于 a。

这些运算规则十分重要，在将来的程序条件中常常用到。

2. 逻辑运算表达式

逻辑运算常常与关系运算相组合，形成逻辑运算表达式。在这种表达式中，关系运算要优先于逻辑运算。例如：

a+b>c and a+c>b and b+c>a；

a>b or a>c；

not a or b>c；

其中 a+b>c and a+c>b and b+c>a 表示，只有当 a+b>c，同时 a+c>b，同时 b+c>a 这 3 个条件都成立时，结果才为 True。

a>b or a>c 表示，只要 a>b 与 a>c 之一成立，结果就为 True。

not a or b>c 表示只要 not a 为 True（即 a=False）与 b>c 之一成立，结果就为 True。例如：

a=1；b=3；c=2；

a+b>c and a+c>b and b+c>a 的值为 False，因为尽管 a+b>c 及 b+c>a 为 True，但 a+c>b 为 False。a>b or a>c 的值为 False，因为 a>b 及 a>c 都是 False。

3. 逻辑运算应用

例 1-4-1　判断一个整数 n 是否为奇数。

n 是否为奇数只要看它除以 2 的余数是否为 0。因此：

如 n % 2 = = 0，则 n 不是奇数，是偶数；

如 n % 2 != 0，则 n 是奇数。

例 1-4-2　判断年份 y 是否为闰年。

根据年历知识，年份 y 是否为闰年的条件是下列条件之一成立：

① 这一年可被 4 整除，同时不能被 100 整除。

② 这一年可被 400 整除。

因此年份 y 是闰年的条件是以下逻辑值为 True：

(y % 4 = = 0) and (y % 100 != 0) or (y % 400 = = 0)

例 1-4-3　判断一个字母 c 是否为小写字母。

字母 c 是否是小写，就要看它是否在 "a" ~ "z" 之间，由于 Unicode 码中小写字母的值是连续的，因此只要 c> = "a" and c< = "z" 成立，c 就是小写字母。

注意，这里不能写成 "a" < = c < = "z" 的形式，这种形式是数学中的表达方法，在编程时应写成 c> = "a" and c< = "z"。

1.5　实践项目：学生成绩计算

1.5.1　项目目标

微课 1-3
学生成绩计算

从键盘输入一个学生的数学、语文、英语成绩，计算其总分与平均分。

1.5.2　项目实践

定义 3 个变量 math、chinese、english 来存储数学、语文、英语的成绩，键盘输入的数据本质是字符串，要通过 float 函数转换为实数，然后才能计算。

```
#计算学生成绩
math=input("数学成绩:")
chinese=input("语文成绩:")
english=input("英语成绩:")
math=float(math)
chinese=float(chinese)
english=float(english)
sum=math+chinese+english
print("总分:",sum,"平均:",sum/3)
```

练习 1

1. 输入矩形的长与宽，计算矩形面积。

2. 输入一个时间值 s，它是距当日午夜的秒值，计算目前的时间，时间按 HH：MM：SS 格式输出。

3. 如果 a＝1、b＝2、c＝3、d＝0，写出下列的逻辑值：

(1) a>b and b>c or a+b<c

(2) a−b<c or b>c and not c

(3) not d or b>c+a or a

(4) d and b and c>d and a * b>c

(5) not(a>b and c>d)

(6) a * b>c or b+c>d and not d

(7) c+d<＝b+d and d<c or 2 * b>c

(8) d<b or c>a+b+d and b<c+a

4. 有一个数 x 在区间[−5,0]内，写出其条件表达式。

5. 写出下面表达式的值（设 a＝1，b＝2，c＝3，x＝4，y＝3）。

(1) a+b>c and b＝＝c

(2) not a<b and b not ＝c or x+y<＝3

(3) a+(b>＝x+y) and c−a and y−x

(4) not(x＝a)and(y＝b)and 0

(5) not(a+b)+c−1 and b+c/2

(6) a or 1+' a ' and b and ' c '

第2章

Python程序语句

本章重点内容：

- 简单条件语句。
- 复杂条件语句。
- while 循环语句。
- while 循环的退出。
- for 循环语句。
- 循环注意事项。
- 循环的嵌套。
- 异常处理。
- 实践项目：验证哥德巴赫猜想。
- 练习 2。

2.1　简单条件语句

2.1.1　教学目标

前面所学习的程序都是顺序程序，程序在执行时是一句句往下运行的。这种一句句顺序执行的语句是程序中第一种类型的顺序结构语句。

程序结构除了这种简单的顺序结构外，还有一种会转弯的分支结构，它可以根据执行条件来决定该执行哪些语句，不该执行哪些语句，分支语句是程序中的第二类语句，又称为条件语句。本节的目标就是来认识 Python 中条件语句的使用。

2.1.2　条件语句

简单条件语句的格式有以下几种。

格式 1：

```
if  条件：
    语句
```

其中条件后面有":"号，执行的语句要向右边缩进。这种格式的含义是当条件成立时，便执行指定的语句，执行完后接着执行 if 后下一条语句；如果条件不成立，则该语句不执行，转去执行 if 后的下一条语句，如图 2-1-1 所示。

第 1 种格式中"语句"一般只有一条语句，if 语句也是一条语句，它在一行写完。第 2 种格式的"语句"可以是一条语句或多条语句，形成一个语句块。

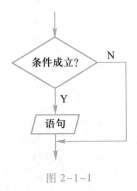

图 2-1-1

格式 2：

```
if 条件：
    语句 1
else：
    语句 2
```

微课 2-1
简单条件语句

PPT　简单条件语句

PPT

它的含义是当条件成立时，便执行指定的语句 1，执行完后接着执行 if 后的下一条语句；如果条件不成立，则执行指定的语句 2，执行完后接着执行 if

后的下一条语句，程序流程如图 2-1-2 所示。其中"语句 1"与"语句 2"都可以是语句块。

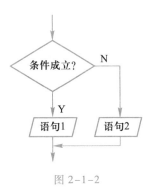

其中 else 后面有":"号，语句 1、语句 2 都向右边缩进，而且要对齐。一般语句 1、语句 2 都可以包含多条语句。

例 2-1-1 输入一个整数，判断它是奇数还是偶数。

图 2-1-2

设输入的整数是 n，n%2==0 则是偶数，否则为奇数，程序如下：

```
n=input("Enter:")
n=int(n)
if n%2==0:
    print("Even")
else:
    print("Odd")
```

例 2-1-2 输入一个整数，输出其绝对值。

```
n=input("Enter:")
n=int(n)
if n>=0:
    print(n)
else:
    print(-n)
```

2.1.3 【案例】比较两个数

1. 案例描述
输入两个整数，输出较大的一个。

2. 案例分析
这是求两个数中最大值的问题，设输入的数为 a 与 b，当 a>b 时，最大值是 a，否则为 b。

3. 案例代码

```
a=input("a=")
b=input("b=")
```

```
a=float(a)
b=float(b)
if a>b:
    c=a
else:
    c=b
print(c)
```

或者：

```
a=input("a=")
b=input("b=")
a=float(a)
b=float(b)
c=a
if a<b:
    c=b
print(c)
```

2.2 复杂条件语句

2.2.1 教学目标

在程序中有些条件是复杂的，产生多个分支。本节的目标是使用 Python 的复杂分支条件语句实现程序的多分支走向，如根据学生的成绩进行等级评定。

2.2.2 复杂条件语句

复杂分支 if 条件语句的格式如下：

```
if 条件 1:
    语句 1
elif 条件 2:
    语句 2
    ......
elif 条件 n:
    语句 n
else:
    语句 n+1
```

PPT 复杂条件语句

微课 2-2
复杂条件语句

它的含义是当条件 1 成立时，便执行指定的语句 1，执行完后，接着执行
if 后下一条语句；如果条件 1 不成立，则判断条件 2，当条件 2 成立时，执行
指定的语句 2，执行完后，接着执行 if 后的下一条语句；如果条件 2 不成立，
则继续判断条件 3，……判断条件 n，如果成立，执行语句 n，接着执行 if 后
的下一条语句；如条件 n 还不成立，则最后只有执行语句 n+1，执行完后，接
着执行 if 后的下一条语句。程序流程图如图 2-2-1 所示。

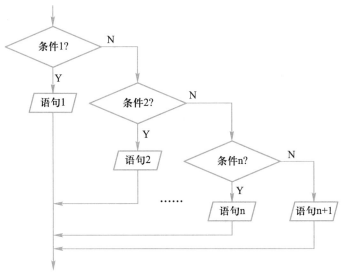

图 2-2-1

其中每个条件后有":"号，语句 1、语句 2、……都向右边缩进，而且要
对齐。一般语句 1、语句 2、……都可以包含多条语句。

例 2-2-1　输入一个学生的整数成绩 m，按 [90,100]、[80,89]、[70,
79]、[60,69]、[0,59] 的范围分别给出 A、B、C、D、E 的等级。

分析：输入的成绩可能不合法（小于 0 或大于 100），也可能在 [90,100]、
[80,89]、[70,79]、[60,69]、[0,59] 的其中一段之内，可以用复杂分支的
if 语句来处理。

```python
m=input("Enter mark:")
m=float(m)
if m<0 or m>100:
    print("Invalid")
elif m>=90:
    print("A")
elif m>=80:
    print("B")
elif m>=70:
```

```
    print("C")
elif m>=60:
    print("D")
else:
    print("E")
```

例 2-2-2　输入 0~6 的整数，把它作为星期，其中 0 对应星期日，1 对应星期一，……输出 Sunday, Monday, Tuesday, Wednesday, Thursday, Friday, Saturday。

设输入的整数为 w，根据 w 的值可以用 if…elif…else 语句分为 8 种情形，程序如下：

```
w=input("w=")
w=int(w)
if w==0:
    s="Sunday"
elif w==1:
    s="Monday"
elif w==2:
    s="Tuesday"
elif w==3:
    s="Wednesday"
elif w==4:
    s="Thursday"
elif w==5:
    s="Friday"
elif w==6:
    s="Saturday"
else:
    s="Unknown"
print(s)
```

2.2.3　【案例】一元二次方程的解

1. 案例描述

输入一元二次方程的系数 a、b、c，求方程的根。

2. 案例分析

根据数学知识，一元二次方程为

$$ax^2 + bx + c = 0$$

如果 $b^2 - 4ac \geqslant 0$，则有两个根：

$$x_{1,2} = \frac{-b \pm \sqrt{b^2 - 4ac}}{2a}$$

3. 案例代码

```
c=input("c=")
a=float(a)
b=float(b)
c=float(c)
if a! =0:
    d=b*b-4*a*c
    if d>0:
        d=math.sqrt(d)
        x1=(-b+d)/2/a
        x2=(-b-d)/2/a
        print("x1=",x1,"x2=",x2)
    elif d==0:
        print("x1,x2=", -b/2/a)
    else:
        print("无实数解")
else:
    print("不是一元二次方程")
```

例如：

```
a=1
b=2
c=1
x1,x2= -1.0
```

2.3　while 循环语句

2.3.1　教学目标

程序设计中经常使用循环执行的过程，例如循环输出 100 之内的偶数。

循环语句是程序设计的第 3 种类型的语句。本节的目标就是来认识这种循环语句的使用方法，例如通过它计算学生的平均成绩等。

2.3.2　while 循环语句

while 循环的语法：

```
while condition:
    body
```

while 循环包含 3 部分，一是循环变量的初始化；二是循环条件；三是循环体。其中循环体中一定要包含循环变量的变化，循环体 body 的语句向右边缩进。例如：

```
i=0    #循环变量初始化
while i<4:
    print(i)  #循环体
    i=i+1      #循环变量变化
```

微课 2-3
while 循环语句

PPT　while 循环语句

PPT

其中 i<4 是循环条件，这个循环的循环体只有两条语句，其中 i=i+1 是循环变量变化语句。一般 while 循环体可以包含很多语句。

while 循环的规则是循环条件成立时，就一直执行循环体，如果条件不成立就结束循环，也称退出循环。循环退出后就执行与 while 并列的下一条语句。

条件是一个逻辑表达式，它的值为真或假，语句可以是一条单一的语句，也可以是一个复合语句。该循环的执行规则是先判断条件是否成立，之后才决定是否执行循环语句，如果条件不成立，则结束循环；如果条件成立，则再次执行循环语句，只要条件成立，则一直执行循环语句。程序流程图如图 2-3-1 所示。

如果 while 循环的条件一开始就不成立，那么 while 循环不执行。

例 2-3-1　有限次数的循环。

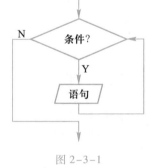

图 2-3-1

```
n=0
while n<3:
    print(n)
    n=n+1
print("Last",n)
```

该循环执行 3 次，每次执行后 n 的值加 1，执行过程如下：

第 1 步：n＝0，n<3 成立，输出 0，之后 n 变为 1。

第 2 步：n＝1，n<3 成立，输出 1，之后 n 变为 2。

第 3 步：n＝2，n<3 成立，输出 2，之后 n 变为 3。

第 4 步：n＝3，n<3 不成立，结束循环，执行 print("Last",n)语句输出 Last 3。

例 2-3-2　死循环。

如果循环条件一直为真，永远不会变为假，则该循环会循环无限次，出现死循环。程序如果出现死循环，计算机将永远执行循环语句，别的语句将得不到执行，程序得不到正常结束，这是应用中要避免的。

while 循环一定要在循环体中控制循环变量的变化，不然可能出现死循环。例如：

```
i=0
while i<4:
    print(i)
```

这个循环中 i 永远为 0 不变化，i<4 永远成立，不停输出 0，成为永远不停止的死循环。

例 2-3-3　计算 s=1+2+3+⋯+n 的和，其中 n 由键盘输入。

观察计算式中的变化可以看到值从 1 变到 n，这是一个循环过程，先设计变量 s 为 0，再设计一个循环变量 m，它循环 n 次，每次把 m 的值加 1，并累积到变量 s 中去，就可以计算出结果，程序如下：

```
n=input()
n=int(n)
s=0
m=1
while m<=n:
    s=s+m
    m=m+1
print(s)
```

例 2-3-4　输入 5 个同学的成绩，计算平均成绩。

设计一个 5 次的循环，每次输入一个同学的成绩 m，把成绩累计在一个总成绩变量 s 中，最后计算平均成绩输出，程序如下：

```
s=0
i=0
while i<5:
   m=input("第"+str(i+1)+"个成绩: ")
   m=float(m)
   s=s+m
   i=i+1
print("平均成绩:",s/5)
```

例 2-3-5　输入一个正整数，按相反的数字顺序输出另一个数。例如输入 3221，则输出 1223。

设输入的正整数为 n，把它除以 10 后的余数就是个位数，输出此数，之后 n 缩小到 1/10，即 n=n//10；再把缩小后的数再除以 10，得的余数为十位数，……如此下去，直到 n 的值变为 0 为止，编写程序如下：

```
n=input("n=")
n=int(n)
s=""
while n! =0:
    m=n% 10
    s=s+str(m)
    n=n//10
print(s)
```

2.3.3　【案例】有理数除法的精确计算

1. 案例描述

输入正整数 p、q、n，计算 p/q 的值，精确到小数位 n 位，控制 n 使得 p/q 的值可以达到任意精度。

2. 案例分析

计算机在计算 p/q 时如果不能整除，会得到一个近似小数，例如 3/7 = 0.42857142857142855，精度是有限的，但是人们可以设计程序让它计算精确到小数后任意的 n 位。

实际上计算并不难，p//q 得到整数部分，余数 r=p% q，在除法中把 r 放大 10 倍，即 r=10 * r，再计算 r/q 得到第 1 位小数位，再次得到余数 r=r% q，再 r=10 * r，那么 r//q 是第 2 位小数位，余数 r=r% q，再进行 r=10 * r，……计算的结果不能存储在一个数值变量中，因为该实数是有精度限制的，可以把结果变成一个字符串来显示。

3. 案例代码

```
#输入 p
p=0
while p<=0:
    p=input("Enter p:")
    p=int(p)
#输入 q
q=0
while q<=0:
    q=input("Enter q:")
    q=int(q)
#输入 n
n=0
while n<=0:
    n=input("Enter n:")
    n=int(n)
#p/q
s=str(p//q)
r=p% q
if r! =0:
    s=s+". "
i=0
while r! =0 and i<n:
    r=10* r
    s=s+str(r//q)
    r=r% q
    i=i+1
print("% d/% d=% f" % (p,q,p/q))
print("% d/% d=% s" % (p,q,s))
```

结果：

```
Enter p:6
Enter q:7
Enter n:30
6/7=0.857143
6/7=0.8571428571428571428571428571428571142
```

因为 p/q 是一个有理数，一定会出现循环节，如 6/7 的循环节是 857142。

2.4　while 循环的退出

2.4.1　教学目标

微课 2-4
循环的退出

PPT　while 循环的
退出

当循环语句执行完毕，循环即结束，但在很多情况下循环还没有正常结束就需要退出。例如，在素数的判断中，用循环的方法来寻找该数的因数，只要找到该数的一个非 1 且非它自己的因数就可以判定这个数不是素数，之后就没有必要再寻找别的因数了，需要退出循环。本节目标就是学习循环退出的使用。

2.4.2　循环的退出

1. 正常退出

循环执行完毕，循环结束或者退出。例如：

```
i=0
while i<4:
    print(i)
    i=i+1
print("last: ",i)
0
1
2
3
last: 4
```

执行 4 次后退出，注意退出后 i=4，而不是 i=3。

2. break 中途退出

一些情况下要在循环中途退出，可以采用 break。例如：

```
i=0
while i<4:
    print(i)
    if i% 2 ==1:
        break
    i=i+1
```

```
print("last: ",i)
0
1
last: 1
```

当执行到 i=1 时就 break 退出，退出时下面的 i=i+1 语句不再执行，退出
后 i=1。

例 2-4-1　输入一个正整数，判断它是否为一个素数（质数）。

根据数学知识，一个数 n 是素数是指这个数仅可以被 1 和它自己整除，
即它没有介于 2 ~（n-1）的因数。

```
n=input("n=")
n=int(n)
m=2
while m<n:
    if n% m==0:
        break
    m=m+1
if m==n:
    print(n," is a prime")
else:
    print(n," is not a prime")
```

例 2-4-2　输入两个正整数，找出它们的最小公倍数。

设输入的两个数是 a 与 b，最小公倍数一定不小于它们两个中最大的数，
一定不大于 a 与 b 的积，比较直接的方法是用一个循环变量从它们中最大的
一个数开始不断加大这个变量，直到 a 与 b 都能同时除尽这个数为止，这个
数显然是它们的最小公倍数。程序如下：

```
a=input("a=")
b=input("b=")
a=int(a)
b=int(b)
if a>b:
    c=a
else:
    c=b
```

```
m=a*b
while c<=m:
    if c%a==0 and c%b==0:
        break
    c=c+1
print(c)
```

例 2-4-3 输入两个正整数，找出它们的最大公约数。

设输入的两个正整数是 a 与 b，最大公约数一定不大于它们两个中最小的数，最小为 1，因此先找 a、b 中最小的值，从它开始一直向下找，找到一个同时是 a、b 的约数，就是它们的最大公约数，程序如下：

```
a=input("a=")
b=input("b=")
a=int(a)
b=int(b)
if a>b:
    c=b
else:
    c=a
while c>=1:
    if a%c==0 and b%c==0:
        break
    c=c-1
print(c)
```

while 循环一定要在循环体中自己控制循环变量的变化，否则可能出现死循环。例如：

```
i=0
while i<4:
    print(i)
```

这个循环中 i 永远为 0 不变化，i<4 永远成立，不停地输出 0，成为永远不停止的死循环。

2.4.3 【案例】输入学生成绩

1. 案例描述

输入一个在［0，100］范围的学生成绩。

2. 案例分析

构造一个无限循环，不停地输入实数，一旦输入的实数满足要求就退出。

3. 案例代码

① 用一个 while True 控制无限循环，一旦输入正确就 break 退出，否则就反复要求输入，程序如下：

```
while True:
    m=input("Enter mark [0,100]:")
    m=float(m)
    if m>=0 and m<=100:
        break
print("mark=",m)
```

② 也可以用一个变量 con 来控制循环，程序如下：

```
con=True
while con:
    m=input("Enter mark [0,100]:")
    m=float(m)
    if m>=0 and m<=100:
        con=False
print("mark=",m)
```

③ 还可以用 m 来控制，为了让循环开始，先设置 m=-1，程序如下：

```
m=-1
while m<0 or m>100:
    m=input("Enter mark [0,100]:")
    m=float(m)
print("mark=",m)
```

2.5　for 循环语句

2.5.1　教学目标

循环语句除了 while 循环以外，还有一种 for 循环语句。for 循环语句在有些场合的使用会更加简单。本节目标就是学习 for 循环语句的使用，并比较 for

循环语句与 while 循环语句的差异。

2.5.2　for 循环语句

for 循环是根据 range 产生的序列进行的，分以下几种情况。

1. 有 start、stop、step

```
for 循环变量 in range(start,stop,step):
    body
```

循环体 body 的语句向右边缩进，不写 start 时，start = 0；不写 step 时，step = 1。

① 如果 step>0，那么变量会从 start 开始增加，沿正方向变化，一直等于或者超过 stop 后循环停止；如果一开始就 start > = stop，则已经到停止条件，循环一次也不执行。

② 如果 step<0，那么变量会从 start 开始减少，沿负方向变化，一直到负方向等于或者超过 stop 后循环停止；如果一开始就 start < = stop，则已经到停止条件，循环一次也不执行。

2. 只有 stop 值

```
for 循环变量 in range(stop):
    body
```

循环变量的值从 0 开始，按 step = 1 的步长增加，一直逼近 stop，但不等于 stop，只到 stop 的前一个值，即 stop-1。

```
for i in range(4):
    print(i)
```

结果：

```
0
1
2
3
```

注意：i 不会到达 4。

3. 只有 start 和 stop 值

```
for 循环变量 in range(start,stop):
    body
```

微课 2-5
for 循环语句

PPT　for 循环语句

① 如果 stop<start，则不执行。

```
for i in range(5,3):
    print(i)
```

不执行是因为 i=5 已经在正方向超过 3。

② 如果 stop>=start，循环变量的值从 start 开始，按 step=1 的步长增加，一直逼近 stop，但不等于 stop，只到 stop 的前一个值，即 stop-1。

```
for i in range(2,5):
    print(i)
```

结果：

```
2
3
4
```

注意：i 不会到达 5。

2.5.3　for 循环的退出

1. 正常退出

循环执行完毕，即循环变量等于或者超过 stop 后，循环结束或者称为退出。例如：

```
for i in range(4):
    print(i)
print("last: ",i)
0
1
2
3
last: 3
```

执行 4 次后退出。注意，退出后 i=3，而不是 i=4。

2. break 中途退出

一些情况下要在循环中途退出，可以采用 break。例如：

```
for i in range(4):
    print(i)
    if i%2==1:
```

```
        break
print("last: ",i)
0
1
last: 1
```

当执行到 i=1 时就 break 退出，退出后 i=1。

2.5.4 【案例】计算数值和

1. 案例描述

计算 $s=a+aa+aaa+\cdots+\overbrace{aa\cdots a}^{n\uparrow a}$ 的和，其中 a 为 [1，9] 之内的一个整数，最后一项有 n 个 a，a 与 n 由键盘输入。

2. 案例分析

设计一个项目变量 m，开始 m=0，之后 m=10 * m+a 就是 a，再次 m=10 * m+a 就是 aa，如此就可以产生每个项目，累加到 s 中即可。

3. 案例代码

```
#输入 a
a=0
while a<=0 or a>=10:
    a=input("Enter a[1,9]:")
    a=int(a)
#输入 a
n=0
while n<=0:
    n=input("Enter n:")
    n=int(n)
m=0
s=0
for i in range(n):
    m=10 * m+a
    s=s+m
    if i<n-1:
        print(m,end="+")
    else:
```

```
            print(m,end="=")
print(s)
```

结果：

```
Enter a[1,9]:5
Enter n:8
5+55+555+5555+55555+555555+5555555+55555555=61728390
```

2.6　循环注意事项

PPT　循环注意事项

2.6.1　教学目标

循环语句是程序设计中很重要的一种语句类型，相比顺序语句与条件语句要复杂得多，因此必须掌握循环语句在使用中的注意事项。

2.6.2　for 循环注意事项

① 循环变量是控制循环次数的变量，它是自动变化的，不能在循环中人为地改变它，不然会出现逻辑上的混乱，甚至出现意想不到的结果。例如：

```
for i in range(5):
    print(i)
    i=i+1
```

结果：

```
0
1
2
3
4
```

② 应该避免 step=0 的情况出现。如果 step=0，那么变量不变化，一直原地踏步，循环是没有办法进行的。例如：

```
for i in range(1,5,0):
    print(i)
```

③ for 循环在正常退出时，循环变量的值不会等于 stop 值。例如，下面的程序用于判断 n 是否为素数。

```
n=input("Enter: ")
n=int(n)
for d in range(2,n):
  if n% d==0:
    break
if d==n:
  print(n,"is a prime")
else:
  print(n,"is not a prime")
```

结果：

```
Enter: 7
7 is not a prime
```

这个程序显然是错误的。程序原本以为 break 退出时会有 d<n，正常退出时必定 d=n，由此判断 n 是否为素数，但是程序正常退出时 d=n−1，仍然 d<n。

但是用 while 循环是正确的：

```
n=input("Enter: ")
n=int(n)
d=2
while d<n:
  if n% d==0:
    break
  d=d+1
if d==n:
  print(n,"is a prime")
else:
  print(n,"is not a prime")
```

2.6.3 for 与 while 循环比较

实际上，for 与 while 在大多数情况下是可以互相替代的。例如，求 100 以内整数的和用 for 循环编写的代码如下。

```
s=0
for i in range(101):
    s=s+i
print(s)
```

用 while 循环编写的代码如下。

```
s=0
i=1
while i<=100:
    s=s+i
    i=i+1
print(s)
```

for 与 while 最大的不同是：while 循环的循环变量在 while 之前要初始化，变量的变化要自己控制，循环条件要自己写；相对来说，for 循环要简单一些，因为 for 循环的变量变化是有规律的等差数列变化，而 while 循环的变量变化可以是任意的。因此，如果循环变量是有规律变化的，那么建议使用 for 循环；如果循环变量是无规律变化的，建议使用 while 循环。

2.6.4 【案例】能喝多少瓶啤酒

1. 案例描述

啤酒 2 元一瓶，4 个啤酒瓶盖子可以免费换 1 瓶啤酒，2 个空瓶子可以免费换 1 瓶啤酒，现在有 10 元钱，不允许再有别的规则，那么总共可以喝多少瓶啤酒？

2. 案例分析

设置 beers、caps、bottles 变量代表啤酒数、盖子数、瓶子数，用一个循环来进行，只要 beers>0 就表示还没有进行完毕，喝完这 beers 瓶啤酒，再次得到 beers 个盖子与瓶子，加到原来的 caps、bottles 变量中。如果 caps>=4，那么可以用它们来换取 caps//4 瓶啤酒，余下 caps%4 个盖子，只要 bottles>=2 就可以换取 bottles//2 瓶啤酒，余下 bottles%2 个瓶子，当啤酒喝完，余下的盖子与瓶子都换不出更多的啤酒时就结束。

3. 案例代码

```
m = 10
beers = m // 2
caps = 0
```

```
bottles = 0
count = 0
while beers > 0:
    caps = caps + beers
    bottles = bottles + beers
    count = count + beers
    print("这次喝掉% d瓶啤酒,总计% d瓶啤酒" % (beers, count))
    beers = 0
    print("  (% d瓶啤酒,% d个盖子,% d个瓶子)" % (beers, caps, bottles))
    if caps >= 4:
        print("  % d个盖子换% d瓶啤酒" % (caps - caps % 4, caps // 4))
        beers = beers + caps // 4
        caps = caps % 4
    if bottles >= 2:
        print("  % d个瓶子换% d瓶啤酒" % (bottles - bottles % 2, bottles // 2))
        beers = beers + bottles // 2
        bottles = bottles % 2
    print("  (% d瓶啤酒,% d个盖子,% d个瓶子)" % (beers, caps, bottles))
print("总计喝掉% d瓶啤酒,剩下% d个盖子和% d个瓶子" % (count, caps, bottles))
```

结果：

```
这次喝掉 5 瓶啤酒,总计 5 瓶啤酒
  (0 瓶啤酒, 5 个盖子, 5 个瓶子)
  4 个盖子换 1 瓶啤酒
  4 个瓶子换 2 瓶啤酒
  (3 瓶啤酒, 1 个盖子, 1 个瓶子)
这次喝掉 3 瓶啤酒,总计 8 瓶啤酒
  (0 瓶啤酒, 4 个盖子, 4 个瓶子)
  4 个盖子换 1 瓶啤酒
  4 个瓶子换 2 瓶啤酒
  (3 瓶啤酒, 0 个盖子, 0 个瓶子)
这次喝掉 3 瓶啤酒,总计 11 瓶啤酒
```

```
    (0 瓶啤酒, 3 个盖子, 3 个瓶子)
    2 个瓶子换 1 瓶啤酒
    (1 瓶啤酒, 3 个盖子, 1 个瓶子)
这次喝掉 1 瓶啤酒,总计 12 瓶啤酒
    (0 瓶啤酒, 4 个盖子, 2 个瓶子)
    4 个盖子换 1 瓶啤酒
    2 个瓶子换 1 瓶啤酒
    (2 瓶啤酒, 0 个盖子, 0 个瓶子)
这次喝掉 2 瓶啤酒,总计 14 瓶啤酒
    (0 瓶啤酒, 2 个盖子, 2 个瓶子)
    2 个瓶子换 1 瓶啤酒
    (1 瓶啤酒, 2 个盖子, 0 个瓶子)
这次喝掉 1 瓶啤酒,总计 15 瓶啤酒
    (0 瓶啤酒, 3 个盖子, 1 个瓶子)
    (0 瓶啤酒, 3 个盖子, 1 个瓶子)
总计喝掉 15 瓶啤酒,剩下 3 个盖子和 1 个瓶子
```

2.7 循环的嵌套

2.7.1 教学目标

在一个复杂的程序中，一个循环往往还包含另外一个循环，形成循环嵌套。循环嵌套有很多规则，本节目标是要掌握这些规则，并使用它编写找出 100 以内所有素数之类的程序。

2.7.2 循环结构的嵌套

一个循环的循环语句可以是一个复合语句，如果在复合语句中又包含一个循环，这样就出现了循环的嵌套。

例 2-7-1 打印九九乘法表。

九九乘法表是两个数的乘积表，一个数是 i，它从 1 变化到 9；另一个数是 j，它从 1 变化到 9，这样输出 i*j 的值即为九九表的值。因此，程序结构应该是两个循环，在一个确定的 i 循环下，进行 j 循环，但为了不出现重复的 i*j 的值，可以设计 j 的值只从 1 变化到 i，程序如下：

```python
for i in range(1,10):
```

```
for j in range(1,i+1):
    print(i,"*",j,"=",i*j," ",end="")
print()
```

结果：

```
1*1=1
2*1=2  2*2=4
3*1=3  3*2=6  3*3=9
4*1=4  4*2=8  4*3=12  4*4=16
5*1=5  5*2=10  5*3=15  5*4=20  5*5=25
6*1=6  6*2=12  6*3=18  6*4=24  6*5=30  6*6=36
7*1=7  7*2=14  7*3=21  7*4=28  7*5=35  7*6=42
7*7=49
8*1=8  8*2=16  8*3=24  8*4=32  8*5=40  8*6=48
8*7=56  8*8=64
9*1=9  9*2=18  9*3=27  9*4=36  9*5=45  9*6=54
9*7=63  9*8=72  9*9=81
```

例 2-7-2　找出 2 ~ 100 之间的所有素数。

在例 2-4-1 中已经知道怎样去判断一个整数 n 是否为素数，要找 2 ~ 100 之间的所有素数，只要把 n 作为一个循环变量，从 2 循环到 100 为止即可，程序如下：

```
count=0
for n in range(1,101):
    #flag标志素数
    flag=1
    for m in range(2,n):
        if n%m==0:
            #如果能除尽,那么n不是素数,flag=0,退出m的内循环
            flag=0
            break
    if flag==1:
        print("%5d" % n,end="")
        count+=1
        if count%5==0:
            print()
```

结果：

```
2   3   5   7   11
13  17  19  23  29
31  37  41  43  47
53  59  61  67  71
73  79  83  89  97
```

例 2-7-3　打印出 1、2、3 这 3 个数字的所有排列。

```
for i in range(1,4):
  for j in range(1,4):
    for k in range(1,4):
      if i! =j and j! =k and i! =k:
        print(i,j,k)
```

结果：

```
1 2 3
1 3 2
2 1 3
2 3 1
3 1 2
3 2 1
```

2.7.3　多循环的规则

多个循环存在时，只能并列或嵌套，不能出现交叉。

（1）循环并列

循环并列即多个循环按前后顺序的关系出现在同一层上，例如以下的 i 循环与 j 循环的关系：

```
for i in range(10):
    ……
for j in range(10):
    ……
```

可以用图 2-7-1 来形象地表示这种关系。

图 2-7-1

(2) 循环嵌套

循环嵌套即一个外层的循环套一个内层的循环，例如以下的 i 循环与 j 循环的关系：

```
for i in range(10):
    ......
    for j in range(10):
    ......
```

可以用如图 2-7-2 所示来形象地表示这种关系。

外层循环

内层循环

图 2-7-2

(3) 循环交叉

循环交叉即一个外层的循环与一个内层的交叉，例如以下的 i 循环与 j 循环的关系：

```
i=1
while i<=9:
j=1
while j<=9:
    print(i * j)
    i=i+1
j=j+1
```

可以用图 2-7-3 来形象地表示这种关系，程序应避免出现循环交叉。

一般来说，一个程序中往往会出现多个循环的并列与嵌套的结构，而且嵌套可以有多层。图 2-7-4 所示表示有 6 个循环，其中循环 1 与循环 5 是并列关系，循环 2 与循环 4 也是并列关系，循环 1 套了循环 2 与循环 4，循环 2 套了循环 3，循环 5 套了循环 6。

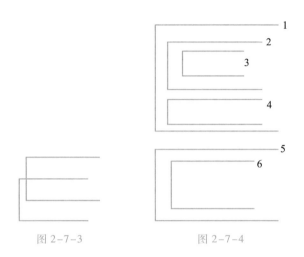

图 2-7-3　　　　　　　图 2-7-4

2.7.4　多循环的退出规则

如果有两个循环嵌套，那么内部循环执行 break 时仅仅是退出内部循环，而不是退出外部循环，外部循环执行 break 时退出外部循环。即 break 只退出它所在的那层循环，不会因为内部循环的一个 break 而使得整个循环都退出。例如：

```
i=1
while i<=3:
  j=1
  print("enter inner loop")
  while j<=3:
    print(i,j)
    if j%2==0:
      break
    j=j+1
  print("exit inner loop")
  i=i+1
```

或者：

```
for i in range(1,4):
  print("enter inner loop")
  for j in range(1,4):
    print(i,j)
    if j%2==0:
      break
  print("exit inner loop")
```

程序执行结果：

```
enter inner loop
1 1
1 2
exit inner loop
enter inner loop
2 1
2 2
exit inner loop
enter inner loop
3 1
3 2
exit inner loop
```

由此可见，break 是退出内部的 j 循环，而不是退出外部的 i 循环。

例 2-7-4   打印以下图案。

```
*
* * *
* * * * *
* * * * * * *
```

常用的 print 函数在输出后就自动换行。实际上，只要在输出函数中设置 end 值就可以控制它不换行。例如：

```
print("*")
```

输出一个 * 后换行，但是：

```
print("*",end="")
```

输出 * 后不换行，在 * 输出后不做任何事情。这样：

```
for i in range(3):
    print("*",end="")
print()
```

就连续输出 3 个 * 后才换行。

分析要输出的图形中有 4 行，* 的数目为 1、3、5、7 个，即第 i(i=0,1, 2,3)行有 2 * i+1 个 * 号，因此可以用两个循环完成：

```
for i in range(4):
    for j in range(2 * i+1):
        print("*",end="")
    print()
```

2.7.5　【案例】整数的质因数分解

1. 案例描述

对一个正整数分解质因数，例如输入 90，打印出 90 = 2 * 3 * 3 * 5。

2. 案例分析

对于任何一个整数 n 来找它的因数 i，如果 i 是它的因数，那么就不停地分解这个 n 为 i 的乘积；如果 i 不是因数，那么就测试 i+1。这样的因数 i 一定为质因数，因为如果 i 不是质数，那么 i=p * q 至少是两个整数的乘积(p、q>1)，i 是 n 的因数，当然 p、q 也是 n 的因数，而循环到 i 之前，p、q 因数已经找完，因此不可能出现 i=p * q 还是 n 的因数。

3. 案例代码

```
n=input("Enter an integer:")
n=int(n)
first=True
print(n,end="")
i=2
while i<=n:
    while n% i==0:
        if first:
            print("=",i,end="")
            first=False
```

```
        else:
            print("*",i,end="")
    n=n//i
    i=i+1
```

结果：

```
Enter an integer:43242
43242 = 2 * 3 * 7207
```

2.8 异常处理

2.8.1 教学目标

微课 2-6
异常语句

PPT　异常处理

PPT

在程序设计中应考虑各种情况，避免出现错误。例如，在求一个数的平方根时程序要判断这个数是否为负数，若是负数就不能开平方，否则就会产生错误。但是有些情况是程序无法预料的，例如用户输入一个非法的数值，它根本就不能转换为一个正常的数值，更谈不上开平方，程序应该能处理这样的异常情况。本节目标就是掌握这些异常情况的处理，使得程序更加健壮。

2.8.2 异常情况

例 2-8-1　输入一个数，计算它的平方根。

```
import math
n=input("Enter:")
n=float(n)
print(math.sqrt(n))
print("done")
```

执行程序，如果输入的数不是一个有效的整数，如输入 12a，就出现错误：

```
Enter:12a
Traceback (most recent call last):
  File "C:/untitled/mmm.py", line 3, in <module>
    n=float(n)
ValueError: could not convert string to float:'12a'
```

在 Python 中，程序运行时出现错误后程序会终止，这种错误不是程序设计的错误，而是在程序运行中因数据输入不正确而导致的运行错误，称为运行时错误（Runtime Error），处理这种错误要用到 try/except 异常处理语句。

把程序改编如下：

```
import math
n=input("Enter:")
try:
    n=float(n)
    print(math.sqrt(n))
    print("done")
except Exception as err:
    print(err)
print("End")
```

重新执行该程序，输入 12a，则看到如下的结果：

```
Enter:12a
could not convert string to float:'12a'
End
```

其中在执行时输入的数据无效，执行语句出现异常，这个异常被 except 捕获，转去执行 print（err），程序没有被终止，继续执行到最后语句 print("End")。

从本例中看到，异常是程序中因为输入错误或者其他 IO 操作不当出现的运行时错误的一种处理方法。在一些运行情况下，有些情况是难以预料的，如写文件时磁盘写包含或者空间不够，或者在进行网络操作时网络不通畅，这样一些客观原因是程序设计阶段无法预料的，但是程序必须具备处理这些特殊情况的能力，以增强自身的健壮性，使得程序在各种各样的情况下都不会崩溃，因此，异常处理是必不可少的。

实际上，Python 中有很多异常类，对于不同的异常情况有不同的异常类对象。设计不同的异常类对象处理不同的异常是为了在异常类中更好地反映异常的信息。其中 Exception 异常类是使用最多的一个，因此读者务必掌握它的使用。关于其他的异常类，读者可以查看相关资料。

2.8.3　异常语句

Python 的 try 语句是异常处理语句。try 语句的格式如下：

```
try:
    语句块 1
except Exception as err:
    语句块 2
后续语句
```

执行规则是先执行语句块 1，如果语句块 1 的各条语句都能正确执行，不出现任何运行错误，则在执行完语句块 1 的最后一条语句后，try 语句执行完毕，执行程序的后续语句。如果在执行语句块 1 的语句过程中出现运行错误，则停止语句块 1 的执行，这个错误被系统捕捉到，而且错误的信息被转为 Exception 异常类对象，转去执行语句块 2，当语句块 2 执行完后，try 语句执行完毕，转程序后面的语句执行。其中，语句块 1 是要尝试（try）执行的程序段；语句块 2 是在语句块 1 发生运行错误并且被捕捉（except）到后执行的程序段。图 2-8-1 所示是 try 的执行过程。

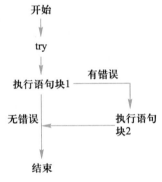

图 2-8-1

在 try 语句中，Exception 是 Python 的一个类，err 是捕捉到的错误对象，专门表示错误异常。Exception 是系统对象名称，用户不可以改变这个名称，而 err 是用户给出的变量名，用户可以改变这个名称。

值得注意的是，在语句块 1 中只要有一条语句出现异常，就转语句块 2，而语句块 1 剩余的语句是不执行的。

例 2-8-2 异常语句。

```
print("start")
try:
    print("divided")
    n=1/0
    print("finish")
except Exception as err:
    print(err)
print("end")
```

执行结果：

```
start
divided
```

```
division by zero
end
```

执行到 n=1/0 时因为除数为 0 而出现异常，就转 print(err) 输出 "division by zero"，而剩余的语句 print("finish") 是不执行的。

2.8.4　抛出异常

异常是程序运行时的一种错误。那么，该异常是如何抛出的呢？在 Python 中抛出异常的语句是 raise 语句，格式如下：

```
raise Exception(异常信息)
```

其中，raise 为抛出语句；Exception（异常信息）表示建立一个异常类 Exception 的对象，该对象用指定的字符串设置其 Message 属性。

例 2-8-3　用 raise 语句抛出异常。

```
print("start")
try:
    print("In try")
    raise Exception("My error")
    print("finish")
except Exception as err:
    print(err)
print("end")
```

执行结果：

```
start
In try
My error
end
```

由此可见，当执行到 raise Exception("My error") 语句时就抛出一个异常，被 except 捕捉到，用 print(err) 显示出错误信息。"My error" 是抛出的异常信息。

例 2-8-4　应用异常处理，输入一个整数，计算它的平方根。

```
import math
while True:
```

```
try:
    n=input("Enter: ")
    n=int(n)
    if n<0:
        raise Exception("整数为负数")
    print(math.sqrt(n))
    print("done")
    break
except Exception as err:
    print("输入错误: ",err)
```

执行情况：

```
Enter:12a
输入错误:invalid literal for int() with base 10:'12a'
Enter: -2
输入错误:整数为负数
Enter: 2
1.4142135623730951
done
```

如果输入的字符串不是一个整数，则由 n=int(n)抛出异常；如果是整数，则 n=int(n)正常执行；如果是负整数就自己抛出异常，最后都被 except 捕获执行 print(err)。用 while 循环控制输入，一直输入到正整数时才执行 print(math.sqrt(n))语句。

2.8.5　简单异常语句

有时候人们并不关心异常的信息，只要捕获到异常即可，这时在 except 中不用写 Exception 部分，try 语句简化为：

```
try:
    语句块1
except:
    语句块2
后续语句
```

执行规则完全一样，只是在异常处理中不知道是什么异常信息而已。

例 2-8-5　应用异常处理，输入一个整数，计算它的平方根。

```
import math
while True:
```

```
    try:
        n=input("Enter: ")
        n=int(n)
        if n<0:
            raise Exception()
        break
    except:
        print("请输入正整数")
print(math.sqrt(n))
print("done")
```

执行情况：

```
Enter:12a
请输入正整数
Enter: -2
请输入正整数
Enter: 2
1.4142135623730951
done
```

人们并不关心程序中是由于输入非整数还是输入负整数抛出的异常，反正都不正确，只要求输入正整数，因此异常中只使用 except 语句。

2.8.6　【案例】输入学生信息

1. 案例描述

输入学生的 Name（姓名）、Gender（性别）、Age（年龄），要求 Name 非空、Gender 为"男"或者"女"、Age 在 18～30 之间。

2. 案例分析

构造一个异常语句结构，输入学生的 Name、Gender、Age，如果有错误就抛出异常。

3. 案例代码

```
try:
    Name=input("姓名:")
    if Name.strip()=="":
        raise Exception("无效的姓名")
    Gender=input("性别:")
```

```
        if Gender!="男" and Gender!="女":
            raise Exception("无效的性别")
        Age = input("年龄:")
        Age=float(Age)
        if Age<18 or Age>30:
            raise Exception("无效的年龄")
        print(Name,Gender,Age)
    except Exception as err:
        print(err)
```

2.9　实践项目：验证哥德巴赫猜想

2.9.1　项目目标

1742 年 6 月，德国著名的数学家哥德巴赫（C. Goldbah 1690—1764）预言："任何一个 6 以上的偶数都可以分解为两个素数的和"。这就是著名的哥德巴赫猜想，俗称 "1+1=2"。例如 6=3+3，8=5+3，10=5+5，…。这个问题得到千千万万个数的验证，但至今未得到数学证明。

关于一个数是否为素数的问题在前面项目中已经讨论过，显然对于任意一个偶数 n，问题是要找到一个比 n 小的素数 p，使 q=n-p 也为素数，这样 n 便分解为 p 与 q=n-p 两个素数之和。

一个偶数分解成两个素数的和的分解不是唯一的，例如 24=5+19 是一种分解，24=17+7 也是一种分解。

2.9.2　项目设计

显然，n=p+q 可以假定 p<=n/2，设置 maxp=n//2，构造 p=1，3，5，…，maxp 的循环，判断 p 是否是素数。如果不是素数，就将 p=p+2 换下一个 p 再继续，如果 p 是素数，就判断 q=n-p 是否是素数，如果不是就继续 p=p+2 的下一个 p 测试，如果 q 也是素数，于是就找到一个分解 n=p+q，其中 p、q 都是素数。

2.9.3　项目实践

```
#输入偶数,如果不满足要求就继续输入
while True:
    n=input("输入6 以上的偶数:")
```

拓展阅读

微课 2-7
验证哥德巴赫
猜想

```
    n=int(n)
    if n%2==0 and n>=6:
        break
#p 的最大值 maxp
maxp=n//2
p=2
while p<=maxp:
    #判断 p 是否是素数,flag=True 表示是素数
    flag=True
    for k in range(2,p):
        if p%k==0:
            #p 可以被比它小的整数除尽,不是素数
            flag=False
            break
    #如果 p 是素数,再次判断 q 是否是素数
    if flag:
        q=n-p
        for k in range(2,q):
            if q%k==0:
                # q 可以被比它小的整数除尽,不是素数
                flag=False
                break
        #q 也是素数,得到一个分解 n=p+q
        if flag:
            print(n,"=",p,"+",q)
    p=p+1
print("done!")
```

程序结果如下：

```
输入 6 以上的偶数:128
128 = 19 +109
128 = 31 + 97
128 = 61 + 67
done!
```

练习 2

1. 输入 a、b、c 三个参数，求解 $ax^2+bx+c=0$ 的两个根，假定 $b^2-4ac>0$。

2. 输入 a、b、c 三个参数，以它们作为三角形的三条边，判断是否可以构成一个三角形，如能则进一步计算其面积。三角形的面积 s 可以用以下表达式计算：

$$s = sqrt(p*(p-a)*(p-b)*(p-c))$$

其中 $p=(a+b+c)/2$。

3. 输入一个字母，判断它是否为小写英文字母。

4. 从键盘输入 5 个字符，统计 "0" 字符出现的次数。

5. 输入两个整数，判断哪个大并输出结果。

6. 输入一个字母，如果它是一个小写英文字母，则把它转换为对应的大写字母输出。

7. 输入一个年份，判断它是否为闰年。

8. 从键盘输入 a、b 两个数，按大小顺序输出它们。

9. 输入 a、b、c 三个整数，找出最小的数。

10. 某企业发放的奖金是根据利润提成的。利润低于或等于 10 万元时，奖金可提 12%；利润高于 10 万元，低于 20 万元时，高于 10 万元的部分，可提成 8.5%；20 万元～40 万元之间时，高于 20 万元的部分，可提成 6%；40 万～60 万之间时，高于 40 万元的部分，可提成 4%；60 万～100 万之间时，高于 60 万元的部分，可提成 2.5%；高于 100 万元时，超过 100 万元的部分按 1% 提成。从键盘输入当月利润，求应发放奖金的总数。

11. 平面上有 4 个圆，圆心分别为 (2,2)、(-2,2)、(-2,-2)、(2,-2)，圆半径为 1。现输入任一点的坐标，判断该点是否在这 4 个圆中，如在则给出是在哪一个圆中。

第**3**章

Python函数与模块

本章重点内容：

- Python 函数。
- Python 变量范围。
- 函数调用。
- 函数默认参数。
- 函数与异常。
- Python 模块。
- 实践项目：打印万年日历。
- 练习 3。

3.1 Python函数

3.1.1 教学目标

微课 3-1
函数定义

函数是程序中一个重要的部分。在系统中已经定义了一些函数，例如计算平方根的函数 sqrt。另外，在程序中用户也可以自定义函数。本节目标就是学习函数的定义方法，例如定义函数找出两个数的最小公倍数与最大公约数。

3.1.2 函数定义

Python 语言中有大量的内部函数，除此之外，在程序中还可以自定义函数。

PPT   函数

```
def 函数名称(参数1,参数2,……):
    函数体
```

拓展案例

函数名称是用户自己定义的名称，与变量的命名规则相同。用字母开始，后面跟若干字母、数字等。

函数可以有很多参数，每一个参数都有一个名称，它们是函数的变量，不同的变量对应的函数值往往不同，这是函数的本质所在，这些参数称为函数的形式参数（简称形参）。

函数体是函数的程序代码，它们保持缩进。

函数被设计成为完成某一个功能的一段程序代码或模块。Python 语言把一个问题划分成多个模块，分别对应一个个的函数。一个 Python 语言程序往往由多个函数组成。

3.1.3 函数参数与返回值

1. 函数参数

在调用函数时，形参规定了函数需要的数据个数，实际参数（简称实参）必须在数目上与形参相同，一般规则如下。

① 形参是函数的内部变量，有名称。形参出现在函数定义中，在整个函数体内都可以使用，但离开该函数则不能使用。

② 实参的个数必须与形参一致，实参可以是变量、常数、表达式，甚至是一个函数。

③ 当实参是变量时，它不一定要与形参同名称，实参变量与形参变量是

不同的内存变量，它们其中一个值的变化不会影响另外一个变量。

④ 函数调用中发生的数据传送一般是单向的，即只能把实参的值传送给形参，而不能把形参的值反向地传送给实参，因此在函数调用过程中，形参的值发生改变，而实参中的值不会变化。

⑤ 函数可以没有参数，但此时圆括号不可缺少。

2. 函数返回值

函数的值是指函数被调用之后，执行函数体中的程序段所取得的并返回给主调函数的值。一般，函数计算后总有一个返回值，通过函数内部的 return 语句来实现这个返回值，格式为

```
return 表达式;
```

return 返回一个表达式，该表达式的值就是函数的返回值。

return 语句执行后函数即结束，即便下面还有别的语句也不再执行。例如：

```
def fun(x):
    print(x)
    if x<0:
        return
    print(x * x)
x = -2
fun(x)
```

结果为：

```
-2
```

因为 x<0 成立后执行了 return 语句，函数返回并结束，后面的 print(x * x) 不再执行，但是换成如下语句：

```
x = 2
fun(x)
```

结果为：

```
2
4
```

函数一直执行到最后一条语句后结束。

注意，只要一执行 return 语句，函数就结束并且返回，无论 return 处于什么位置，哪怕是在一个循环中，如下列函数 IsPrime 测试整数 m 是否是素数：

```
def IsPrime(m):
  print("start")
  for i in range(2,m):
      print(i)
      if m%i==0:
          return 0
  print("OK")
  return 1
print("Return: ",IsPrime(9))
```

在 9 传入 m 后，当 i = 3 时满足条件，执行 return，那么函数返回 0 即结束，剩余的循环也不再执行，剩余的语句也不再执行。

3. 没有返回值的函数

函数也可以没有返回值，这时 Python 的默认值是 None，例如下面的函数：

```
def SayHello()
  print("Hello,everyone!")
```

没有返回类型的函数中也可以有 return 语句，但 return 后面不可以有任何表达式，例如：

```
def fun(x):
  if(x<0) return                #在 x<0 时结束函数并返回
  printf(x)
```

4. 函数调用

函数调用是比较简单的。调用自己编写的函数就像调用 Python 语言的内部函数一样。有返回值的函数可以放在合适的任何一个表达式中去计算，当然也可以单独作为一条语句执行。而没有返回值的函数不能用在任何一个表达式中去参加计算，只能作为单独的一条语句执行。

但 Python 语言中规定，函数必须先定义才可以调用，即在调用函数时编译器必须已经事先知道该函数的参数构造，否则编译会出错误。

例 3-1-1　输入两个整数，找出它们中的最大值。

```
def max(a,b):
  c=a
  if b>a:
```

```
      c=b
   return c
#调用max
m=max(2,4)
print(m)
```

其中，max 为函数名称，a、b 是变量。该程序在主程序中调用这个函数。注意，一个函数定义后是不执行的，只有在调用它时才执行。该程序的第一条执行语句是 m=max(2,4)，不是 def max(a,b)。

例 3-1-2 输入 3 个整数，找出它们中的最大值。

设这 3 个整数是 a、b、c，要找出它们中的最大值，只要先找到 a 与 b 的最大值，设为 d，再把这个最大值 d 与 c 比较，找到 d 与 c 的最大值，设为 e，即找到了 a、b、c 中的最大值。在这个问题中两次用到了在两个数中找最大值的方法，可以设计一个函数 max，其使用规则是：

```
max(x,y)
```

向 max 提供两个整数 x 与 y，max 就可以返回 x 与 y 的最大值。显然，如果要计算 a、b、c 中的最大值，只要：

```
d=max(a,b)
e=max(d,c)
```

有了 max(x,y) 这样的函数，找出 a、b、c 中的最大值的程序可以编写如下：

```
def max(a,b):
   c=a
   if b>a:
      b
   return c

a=input("a=")
b=input("b=")
c=input("c=")
a=float(a)
b=float(b)
c=float(c)
```

```
d=max(a,b)
e=max(d,c)
print("max=",e)
```

在第 1 次调用它时，把变量 a 传给 x，变量 b 传给 y，其中 x、y 称为函数的形参，a、b 称为实参。形参实际上就是函数内部的变量，x、y 与函数内部的变量 z 是同性质的变量，它们在内存中有自己的存储空间。当调用 max 函数时，实参把它们的值传递给形参变量，或者说形参复制了实参的值，如图 3-1-1 所示。第 2 次调用的情况与此相似。

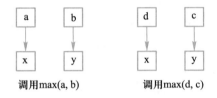

图 3-1-1

3.1.4 【案例】最大公约数与最小公倍数

1. 案例描述

输入两个正整数，求出它们的最大公约数与最小公倍数。

2. 案例分析

求最大公约数与最小公倍数的方法很多，一个比较直观的方法是采用逐个尝试法。

求 a、b 的最大公约数 d，那么设置 m=min(a,b)，一定 d<=m，即 d 不大于 a、b 中最小的数，于是可以从序列 m,m-1,m-2,…,2,1 中去寻找能被 a、b 除尽的数 d，找到的第 1 个 d 就是 a 与 b 的最大公约数，最坏的情况是 d=1。

求 a、b 的最小公倍数 d，那么设置 m=max(a,b)，一定 d>=m，即 d 不小于 a、b 中最大的数，于是可以从序列 m,m+1,m+2,…,a*b 中去寻找能被 a、b 除尽的数 d，找到的第 1 个 d 就是 a 与 b 的最小公倍数，最坏的情况是 d=a*b。

3. 案例代码

```
#最大公约数函数
#d 最小为 1,必定会返回
def maxDivider(a,b):
    c=a
```

```
    if b<a:
        c=b
    for d in range(c,0,-1):
        if a% d==0 and b% d==0:
            return d

#最小公倍数函数
#d 最多为 a * b,必定返回
def minMultiplier(a,b):
    c=a
    if b>a:
        c=b
    m=a * b
    for d in range(c,m+1,1):
        if d% a==0 and d% b==0:
            return d

#主程序
a=input("a=")
b=input("b=")
a=int(a)
b=int(b)
print("最大公约数",maxDivider(a,b))
print("最小公倍数",minMultiplier(a,b))
```

3.2 Python 变量范围

3.2.1 教学目标

Python 的主程序中包含函数,函数内部有自己的变量,主程序也有自己的变量。那么,这些变量是什么关系,怎样在函数内部使用主程序的变量? 本节目标就是要分清这些变量的性质,掌握局部变量与全局变量的使用。

3.2.2 局部变量

局部变量也称为内部变量。局部变量是在函数内作定义说明的。其作用域仅限于函数内,离开该函数后再使用这种变量是非法的。

微课 3-2
局部变量与全局
变量

例 3-2-1　局部变量。

```
def sum(m):
    s=0
    for p in range(m+1):
        s=s+p
        #计算(1+2+…+m)的和
return s

m=10
s=sum(m)
print(s)
```

其中函数的 m、p、s 变量都是局部变量。关于局部变量的作用域还要说明以下几点。

① 函数中定义的变量只能在函数中使用，不能在其他函数中使用。同时，一个函数中也不能使用其他函数中定义的变量。各个函数之间是平行关系，每个函数都封装了一块自己的区域，互不相干。

② 形参变量是属于被调函数的局部变量，而实参变量是属于主调函数的局部变量。

③ 允许在不同的函数中使用相同的变量名，它们代表不同的对象，分配不同的存储单元，互不干扰，也不会发生混淆。本例中 sum 函数的 m、s 变量与主程序的 m、s 变量同名，但它们是不同的变量。

例 3-2-2　局部变量与全局变量同名下的应用。

```
def fun(x, y):
    print("In fun:",x,y)
    x=1
    y=2

x=100
y=200
fun(x,y)
print(x,y)
```

执行该程序的结果：

```
In fun  100 200
100 200
```

主程序中的 x、y 变量是主程序的局部变量，fun 中的 x、y 变量是 fun 的局部变量，所以主程序中的 x 与 fun 中的 x 不同，主程序中的 y 与 fun 中的 y 不同，所以在调用 fun 后主程序的 x、y 的值不变。

3.2.3　全局变量

1. 全局变量的作用域

如果一个函数内部要用到主程序的变量，那么可以在该函数内部声明这个变量为全局（global）变量，这样函数内部使用的这个变量就是主程序的变量。当在函数中改变了全局变量的值时，会直接影响主程序中这个变量的值。

例 3-2-3　全局变量。

```
def fun(x):
    global y
    y=0
    x=0

x=1
y=2
fun(x)
print(x,y)
```

执行该程序的结果为：

```
1 0
```

在 fun 函数中使用了 global y 声明 fun 中使用的 y 不是 fun 本地的 y 变量，而是主程序的 y 变量。

例 3-2-4　多个函数中使用共同的全局变量。

```
def A(x):
    global y
    y=0
    x=0

def B(x):
    global y
    y=10
    x=0
```

```
x=1
y=2
A(x)
B(x)
print(x,y)
```

执行该程序的结果为：

```
1 10
```

在 A、B 函数中使用 global y 声明 A、B 中使用的 y 不是本地的 y 变量，而是主程序的 y 变量。

2. 全局变量与局部变量

全局变量的作用域是整个程序，它在程序开始时就存在，任何函数都可以访问它，而且所有函数访问的同名称的全局变量是同一个变量，全局变量只有在程序结束时才销毁。

局部变量是函数内部范围内的变量，当执行此函数时才有效，退出函数后局部变量就销毁。不同的函数之间的局部变量是不同的，哪怕同名字也互不相干。

局部变量有局部性，这使得函数有独立性，函数与外界的接口只有函数参数与它的返回值，使程序的模块化更突出，这样有利于开发大型的程序。

全局变量具有全局性，是实现函数之间数据交换的公共途径，但大量地使用全局变量会破坏函数的独立性，导致程序的模块化程度下降，因此要尽量减少使用全局变量，多使用局部变量，函数之间应尽量保持其独立性，建议在函数之间只通过接口参数来传递数据。

3.2.4 【案例】省份和城市的输入与显示

1. 案例描述

用一个函数输入省份和城市，用另外一个函数显示。

2. 案例分析

设计一个输入函数 enter，用于输入 province（省份）和 city（城市），用另外一个函数 show 显示它们。由于 enter 要返回 province、city 两个数据，暂时还没有办法做到，因此把 province、city 设计成全局变量。

3. 案例代码

```
def enter():
    global province
    global city
```

```
    province=input("省份:")
    city=input("城市:")

def show():
    print("省份:"+province+" 城市:"+city)

province=""
city=""
enter()
show()
```

执行结果：

```
省份:广东
城市:深圳
省份:广东 城市:深圳
```

3.3　函数调用

3.3.1　教学目标

在 Python 语言中，所有的函数定义（包括主函数、主程序）都是平行的。函数之间允许相互调用，也允许嵌套调用。习惯上把调用者称为主调函数。本节的目标就是掌握函数的调用关系，以及参数传递的规则。

微课 3-3
函数调用

3.3.2　函数调用简介

程序的执行总是从主程序函数开始，完成对其他函数的调用后再返回到主程序函数，最后由主程序函数结束整个程序。

嵌套调用就是一个函数调用另外一个函数，被调用的函数又进一步调用另外一个函数，形成一层层的嵌套关系。一个复杂的程序存在多层的函数调用。图 3-3-1 展示了这种关系：主程序函数调用函数 A，在 A 中又调用函数 B，B 又调用 C，在 C 完成后返回 B 的调用处，继续 B 的执行，之后 B 执行完毕返回 A 的调用处，A 又接着往下执行，随后 A 又调用 D 函数，D 执行完后返回 A，A 执行完

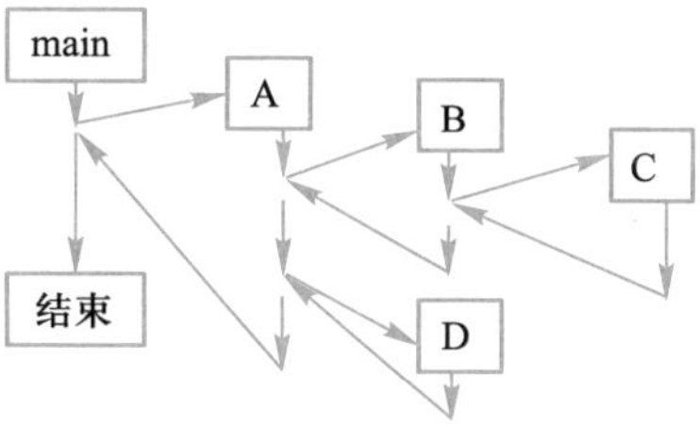

PPT　函数调用

PPT

图 3-3-1

后返回主程序函数，主程序接着往下执行，主程序完成后程序即结束。

对应的程序结构如下：

```
def  D():
     ……

def  C():
     ……

def  B():
     ……
     C()
     ……

def  A():
  ……
  B()
  ……
  D()
  ……

#主程序
……
A()
……
```

函数调用可以这样一层层地嵌套下去，但函数调用一般不可以出现循环。图 3-3-2 所示是一个循环，即函数 X 调用函数 Y，Y 又反过来调用 X，之后 X 又调用 Y，……形成死循环。

图 3-3-2

例 3-3-1　输入整数 n，计算 $1+(1+2)+(1+2+3)+\cdots+(1+2+3+\cdots+n)$ 的和。

显然，第 m 项是 $(1+2+\cdots+m)$，设计一个函数计算 $(1+2+\cdots+m)$ 的和，函数为 sum(m)，之后再累计 $sum(1)+sum(2)+\cdots+sum(n)$ 即可，程序如下：

```
def sum(m):
    s=0
    for n in range(1,m+1):
        s=s+n
    return s
```

```
def sumAll(n):
    s =0
    for m in range(1,n+1):
        s =s+sum(m)
    return s

n=input("n=")
n=int(n)
print("总和是",sumAll(n))
```

例 3-3-2　输入一个正整数，找出它的所有质因数。

例如，12 的因数有 1、2、3、4、6、12，但是只有 2、3 是质数，因此 12 的质因数为 2、3。

```
def IsPrime(m):
    for n in range(2,m):
        if m% n==0:
            return 0
    return 1

n=input("n=")
n=int(n)
for p in range(2,n+1):
    if n% p==0 and IsPrime(p)==1:
        print(p)
```

3.3.3　【案例】验证哥德巴赫猜想

1. 案例描述

著名的哥德巴赫猜想预言，任何一个大于 6 的偶数都可以分解成为两个素数的和，如 6 = 3+3、8 = 3+5、10 = 5+5、12 = 5+7 等。编写一个程序验证在 100 之内的偶数都可以这样分解。

2. 案例分析

一个偶数 n 可以分解成两个数 p 与 q 的和，即 n=p+q。显然，只要找到 p 与 q 都是素数的分解即可。为此，可以设计一个判断素数的函数：

```
IsPrime( m );
```

它判断 m 这个整数是否是素数，如果是，则返回 1；否则，返回 0。通过调用 IsPrime(p) 及 IsPrime(q) 就可以知道 p 与 q 是否同时为素数。

3. 案例代码

```
def IsPrime(m):
    for n in range(2,m):
        if m% n==0:
            return 0
    return 1

for n in range(6,101,2):
    for p in range(3,n+1,2):
        q=n-p
        if IsPrime(p) and IsPrime(q):
            print(n,"=",p,"+",q)
            break
```

注意，找到一组(p,q)都是素数时就 break 退出 p 的循环，不用再次寻找别的(p,q)组，break 只是退出它自己的 p 变量循环，不是退出 n 循环，n 循环继续执行，分解下一个 n 为两个素数的和。

6 = 3 + 3

8 = 3 + 5

10 = 3 + 7

12 = 5 + 7

14 = 3 + 11

16 = 3 + 13

18 = 5 + 13

20 = 3 + 17

……

微课 3-4
默认参数的使用

3.4 函数默认参数

3.4.1 教学目标

在 Python 语言中定义函数时可以预先为部分参数设置默认值，其好处是实际调用时可以不提供该参数的实际值，该参数使用默认值。本节的目标就是掌握函数参数默认值的使用规则。

3.4.2　默认参数的使用

PPT　函数默认参数

PPT

函数默认参数就是在函数定义时为一些参数预先设定一个值，在调用时如果不提供该参数的实际值就使用默认的参数值。

例 3-4-1　默认参数的函数。

```
def fun(a,b=1,c=2):
    print(a,b,c)

fun(0)
fun(1,2)
fun(1,2,3)
```

结果：

```
0 1 2
1 2 2
1 2 3
```

在 fun(0) 调用中 a=0，而没有为 b、c 提供参数值，使用默认的 b=1，c=2 的值。

在 fun(1,2) 调用中 a=1，b=2，而没有为 c 提供参数值，使用默认的 c=2 的值。

在 fun(1,2,3) 调用中 a=1、b=2、c=3。

函数调用时实参值是按顺序赋给函数参数的，也可以指定参数名称而不按顺序进行调用。

在 fun(a,b=1,c=2) 中把 a 称为位置参数（positional argument），b、c 称为键值参数（keyword argument）。

例 3-4-2　参数按名称指定。

```
def fun(a,b=1,c=2):
    print(a,b,c)

fun(0,c=4,b=2)
fun(0,c=4)
fun(b=2,a=1,c=4)
fun(a=0,c=4,b=2)
fun(c=1,b=3,a=2)
```

结果：

```
0 2 4
0 1 4
1 2 4
0 2 4
2 3 1
```

例如，fun(0,c=4,b=2)中 a=0、b=2、c=4。

3.4.3　默认参数的位置

Python 规定默认的键值参数必须出现在函数中没有默认值的位置参数的后面，例如下面的函数是正确的：

```
def fun(a,b=1,c=2):
    print(a,b,c)
```

但是下列函数是错误的：

```
def fun(a=0,b,c=2):
    print(a,b,c)
```

因为键值参数 a=0 出现在位置参数 b 的前面。

不但在定义函数时要求键值参数出现在位置参数的后面，在调用时也要求键值参数在位置参数的后面。例如：

```
def fun(a,b=1,c=2):
    print(a,b,c)
```

那么调用：

```
fun(a=0,1,c=2)
```

上述调用是错误的，因为 a=0 是键值参数，它出现在位置参数 1 的前面，但是下列调用是正确的：

```
fun(0)
fun(0,1)
fun(0,c=3)
fun(a=0)
```

一般来说，实际的位置参数值可以赋值给函数的位置参数和键值参数。例如：

```
fun(0,1)
```

实际的键值参数也可以赋值给函数的位置参数与键值参数。例如：

```
fun(a=0,c=3)
```

3.4.4 　【案例】print 函数的默认参数

1. 案例描述

在 Python 中，print 函数是使用最频繁的函数之一，因此了解它的参数结构是十分重要的。

2. 案例分析

在 Python 的 ">>>" 提示符下输入 help print 命令并按 Enter 键，可以看到 print 语句的函数参数如下：

```
print(value,…, sep='', end='\n', file=sys.stdout, flush=False)
```

其中，参数 sep=''表示 print 中各个输出项的分隔符号是空格；end='\ n' 表示 print 的结束符号是换行，这也是 print 输出的内容占一行的原因；file = sys. stdout 表示内容默认输出到标准输出设备，即控制台；flush = False 表示输出的内容不是即刻发送到输出端。

3. 案例分析

设计程序改变 sep、end 参数，可以看到 print 语句的不同输出结果。

```
print(1,2)
print(1,2,sep='-')
print("line")
print('line',end='*')
print('end')
```

结果：

```
1 2
1-2
line
line*end
```

由此可见，print(1,2)输出 1 与 2 的默认分隔符号是空格，但是 print(1,2,sep='-')输出 1 与 2 的分隔符号是"-"。

print('line')输出的 line 占一行，但是 print('line',end='*')输出 line*，而且不单独占一行，最后 print('end')的 end 接在后面。

3.5 函数与异常

3.5.1 教学目标

微课 3-5
异常处理

PPT 函数与异常

在程序中，这里可能发生异常，那里也可能发生异常。那么，是不是有可能发生异常的地方都使用 try 异常处理语句进行异常捕捉呢？如果这样，程序就太复杂了。实际上，异常有传递机制，就是一个地方发生的异常如果没有被捕捉处理，它可以一层层传递，一直到被捕捉为止。本节的目标就是掌握异常的这种传递机制，编写合理的处理程序。

3.5.2 异常处理

在 Python 中，如果一个函数抛出一个异常，那么在调用函数的地方可以捕捉到这个异常。

例 3-5-1 函数的异常捕捉 1。

```python
def fun():
    print("start")
    n=1/0
    print("end")

try:
    fun()
except Exception as err:
    print(err)
```

执行该程序的结果：

```
start
division by zero
```

由此可见，fun 函数中出现的异常在主程序调用 fun 时可以捕捉到。Python 程序中，如果一个地方出现异常，那么异常会传递到上一级调用的地方，这个过程会一直传递下去，直到异常被捕捉到为止，如果整个过程都没有遇到捕捉语句，程序就会因异常而结束。因此，如果在 fun 函数中已经捕捉了异常，那么调用的主程序位置就捕捉不到了。

例 3-5-2　函数的异常捕捉 2。

```python
def fun():
    print("start")
    try:
        n=1/0
        print("end")
    except:
        print("error")

try:
    fun()
except Exception as err:
    print(err)
```

程序执行结果：

```
start
error
```

例 3-5-3　异常的传递 1。

```python
def A():
    print("start A")
    n=1/0
    print("end A")

def B():
    print("start B")
    A()
    print("end B")
try:
    B()
    print("done")
except Exception as err:
    print(err)
print("finish")
```

程序执行的结果：

```
start B
start A
division by zero
finish
```

由此可见，函数 A 中出现的异常自己没有捕捉，在调用函数 B 中也没有捕捉，最后在主程序中被捕捉到，即异常有传递性。在一个函数中没有被捕捉的异常会传递给调用该函数的其他函数，这个过程会一直传递下去，直到异常被捕捉为止，也就不再往后传递了。

例 3-5-4　异常的传递 2。

```
def A():
    print("start A")
    n=1/0
    print("end A")

def B():
    print("start B")
    try:
        A()
    except Exception as err:
        print(err)
    print("end B")
try:
    B()
    print("done")
except Exception as err:
    print(err)
print("finish")
```

程序执行的结果：

```
start B
start A
division by zero
end B
```

```
done
finish
```

如果出现的异常一直没有被捕获，那么就传递到系统，程序就会终止。

例 3-5-5　异常终止程序。

```
def A():
    print("start A")
    n=1/0
    print("end A")

def B():
    print("start B")
    A()
    print("end B")

B()
print("finish")
```

程序执行的结果：

```
start B
Traceback (most recent call last):
start A
  File "C:/untitled/mmm.py", line 13, in <module>
    B()
  File "C:/untitled/mmm.py", line 9, in B
    A()
  File "C:/untitled/mmm.py", line 3, in A
    n = 1 / 0
ZeroDivisionError: division by zero
```

3.5.3　【案例】时间的输入与显示

1. 案例描述

输入一个有效的时间，并显示该时间。

2. 案例分析

设置时间格式为 h：m：s，输入时保证输入正确且 h、m、s 的值有效，否则抛出异常。

3. 案例代码

```
def myTime():
    h=input("时:")
    h=int(h)
    if h<0 or h>23:
        raise Exception("无效的时")
    m=input("分:")
    m=int(m)
    if m<0 or m>59:
        raise Exception("无效的分")
    s=input("秒:")
    s=int(s)
    if s<0 or s>59:
        raise Exception("无效的秒")
    print("% 02d:% 02d:% 02d" % (h,m,s))

try:
    myTime()
except Exception as e:
    print(e)
```

程序执行时，如果时间输入正确，就显示该时间。例如：

```
时:23
分:12
秒:34
23:12:34
```

但是，如果输入的时间不对，就抛出异常。例如：

```
时:24
无效的时
```

微课 3-6
Python 模块使用

3.6 Python 模块

3.6.1 教学目标

在计算一个数的平方根时使用了语句：

```
import math
```

目的是引入 math 模块。

模块是一个保存了 Python 代码的文件。模块能定义函数、类和变量。本节的目标是编写与使用自己的模块，从而加深对系统模块的认识。

3.6.2　Python 模块使用

以下通过一个例子来说明模块的建立与使用。

例 3-6-1　设计模块并引用它。

第 1 步：设计一个程序 myModule. py，它包含 myMin 和 myMax 两个函数：

```
def myMin(a,b):
    c=a
    if a>b:
        c=b
    return c

def myMax(a,b):
    c=a
    if a<b:
        c=b
    return c
```

把这个程序保存到 D：\temp 目录。

第 2 步：设计另外一个程序 abc. py，保存到相同的目录 D：\temp，在 abc. py 中引用 myModule. py：

```
import myModule
print(myModule.myMin(1,2),myModule.myMax(1,2))
```

或者：

```
from myModule import myMin,myMax
print(myMin(1,2),myMax(1,2))
```

执行 abc. py 的结果：

```
1 2
```

由此可见，程序是在 abc. py 中通过 import myModule 语句引入了 myModule 模块，因此在 abc. py 程序中可以使用 myModule. py 中定义的 myMin 和 myMax

函数。

注意：被引用的模块要放在与引用程序相同的目录下，或者放在 Python 能找到的目录下；在引用时不要加 ".py"，不能写成 import myModule.py；引用模块的函数时要写模块名称与函数名称，用 "." 连接，例如 myModule.myMin；通过模块可以把已经编写好的程序组织在一个个模块中，下次直接引用即可，而不用再在本程序中重新编写函数。

系统已经编写好很多模块，如数学模块 math，引入 math 模块就可以使用系统编写好的数学函数。

例 3-6-2　设计模块，将其放在子目录中并引用它。

第 1 步：设计一个程序 myModule.py，它包含 myMin 和 myMax 两个函数，把这个程序保存到 D:\temp\mine 目录。

第 2 步：设计另外一个程序 abc.py，保存到目录 D:\temp，在 abc.py 中引用 myModule.py：

```
from mine.myModule import myMin,myMax
print(myMin(1,2),myMax(1,2))
```

执行 abc.py 的结果：

```
1 2
```

3.6.3　Python 模块位置

Python 模块是设计完成的 Python 程序。Python 中的模块一般放在安装目录的 lib 文件夹中。

例 3-6-3　设计模块，将其放在 lib 目录中并引用它。

第 1 步：设计一个程序 myModule.py，它包含 myMin 和 myMax 两个函数，把这个程序保存到 Python 安装目录的 lib 文件夹中。

第 2 步：设计另外一个程序 abc.py，保存到目录 D:\temp，在 abc.py 中引用 myModule.py：

```
from myModule import myMin,myMax
print(myMin(1,2),myMax(1,2))
```

执行 abc.py 的结果：

```
1 2
```

3.6.4 【案例】测试 Python 模块的位置

1. 案例描述

Python 的模块是 Python 的重要部分。安装一个 Python 的程序包就是安装一个文件夹，在这个文件夹中有很多模块，其中至少这个程序包或者模块的位置是十分重要的。

2. 案例分析

一般，Python 中能存放模块的目录可以通过 sys. path 得到，在 Python 的命令行中输入：

```
>>>import sys
>>>sys.path
```

就可以看到 sys. path 都有哪些目录。模块可以放在 sys. path 包含的任何一个目录中。

3. 案例代码

```
import sys
paths=sys.path
for p in paths:
    print(p)
```

执行这个程序，在 Anaconda 环境下可看到以下结果：

```
C:\untitled
C:\ProgramData\Anaconda3\python36.zip
C:\ProgramData\Anaconda3\DLLs
C:\ProgramData\Anaconda3\lib
C:\ProgramData\Anaconda3
C:\ProgramData\Anaconda3\lib\site-packages
C:\ProgramData\Anaconda3\lib\site-packages\Sphinx-1.5.1-
py3.6.egg
C:\ProgramData\Anaconda3\lib\site-packages\win32
C:\ProgramData\Anaconda3\lib\site-packages\win32\lib
C:\ProgramData\Anaconda3\lib\site-packages\Pythonwin
C:\ProgramData\Anaconda3\lib\site-packages\setuptools-27.2.0-
py3.6.egg
```

当然，在不同的开发环境下结果不同。从这些目录可以看到 Python 的程序包或者模块存放的位置是很多的。

3.7 实践项目：打印万年日历

3.7.1 项目目标

日历程序可以打印出任何一年的日历，程序运行后输入一个年份，如 2017 年，打印出全年的日历，图 3-7-1 所示是 2017 年 1 月的日历部分。

```
------------ 2017 年 1 月 ------------
Sun   Mon   Tue   Wed   Thu   Fri   Sat
1     2     3     4     5     6     7
8     9     10    11    12    13    14
15    16    17    18    19    20    21
22    23    24    25    26    27    28
29    30    31
```

图 3-7-1

3.7.2 项目设计

1. 闰年的判断

判断某年 y 是否是闰年，只要下面的两个条件之一成立：

① y 可以被 4 整除，同时不能被 100 整除。

② y 可以被 400 整除。

因此，可以编写一个判断闰年的函数 isLeap 如下：

```
def isLeap(y):
    return y%400==0 or y%4==0 and y%100!=0
```

2. 求某月的最大天数

不同的月份最大天数不同，1、3、5、7、8、10、12 月为 31 天，2 月要么是 28 天（平年），要么是 29 天（闰年）。设计 maxDays 函数返回 y 年 m 月的最大天数：

微课 3-7
打印万年日历

```
def maxDays(y,m):
    d=30
    if m==1 or m==3 or m==5 or m==7 or m==8 or m==10 or m==12:
        d=31
    elif m==2:
        d=29 if isLeap(y) else 28
    return d
```

3. 求某月 1 日是星期几

要打印 y 年 m 月的日历，必须知道 y 年 m 月 1 日是星期几。根据日历历法的规则可以知道其计算方法，即必须先知道这一天是该年的第几天。这个函数设计为 countDays，它计算 y 年 m 月 d 日是该年的第几天：

```
def countDays(y,m,d):
    days=d
    if m>=2:
        days+=31
    if m>=3:
        days+=29 if isLeap(y) else 28
    if m>=4:
        days+=31
    if m>=5:
        days+=30
    if m>=6:
        days+=31
    if m>=7:
        days+=30
    if m>=8:
        days+=31
    if m>=9:
        days+=31
    if m>=10:
        days+=30
    if m>=11:
        days+=31
    if m>=12:
        days+=30
    return days
```

其中，判断 m 是在哪个月，把之前的整数月的天数全部累加，再加上日期 d 就是该年第几天了。例如 m = 5，那么前面的 m >= 2，m >= 3，m >= 4，m >= 5 的条件都成立，于是累加 1、2、3、4 月的天数，即 31+(28 or 29)+31+30，其中 2 月加 28（平年）或者 29（闰年）。

再根据下面的历法公式计算这一天是星期几：

```
((y-1)+ (y-1)//400+(y-1)//4-(y-1)//100+countDays(y,m,1))% 7
```

该计算值为 0、1、2、3、4、5、6 分别对应星期日、星期一、星期二、星期三、星期四、星期五、星期六，编写下面的 countWeek 函数计算 y 年的元旦是星期几：

```
def countWeek(y,m):
    w=(y-1)+(y-1)//400+(y-1)//4-(y-1)//100+countDays(y,m,1)
    return w%7
```

4. 打印一个月的日历

设每个日期占输出宽度为 6 个字符，一个单元 6 个位置，则 7 个日期占 42 个位置的字符宽度，计算 y 年 m 月 1 日是星期 w，然后通过：

```
for i in range(w):
    print("%-6s"% " ",end="")
```

显示 w 个空单元，然后使用：

```
for d in range(1,md+1):
    print("%-6d"% d,end="")
    w=w+1
    if w%7==0:
        print()
```

打印这个月的日历，当 w 是 7 的倍数时就换行，打印下一个星期。

3.7.3 项目实践

```
#打印日历
def isLeap(y):
    return y%400==0 or y%4==0 and y%100!=0

def maxDays(y,m):
    d=30
    if m==1 or m==3 or m==5 or m==7 or m==8 or m==10 or m==12:
        d=31
    elif m==2:
        d=29 if isLeap(y) else 28
    return d
```

```python
def countDays(y,m,d):
    days=d
    if m>=2:
        days+=31
    if m>=3:
        days+=29 if isLeap(y) else 28
    if m>=4:
        days+=31
    if m>=5:
        days+=30
    if m>=6:
        days+=31
    if m>=7:
        days+=30
    if m>=8:
        days+=31
    if m>=9:
        days+=31
    if m>=10:
        days+=30
    if m>=11:
        days+=31
    if m>=12:
        days+=30
    return days

def countWeek(y,m):
    w=(y-1)+(y-1)//400+(y-1)//4-(y-1)//100+countDays(y,m,1)
    return w% 7

def printMonth(y,m):
    w=countWeek(y,m)
    md=maxDays(y,m)
    print("% -6s% -6s% -6s% -6s% -6s% -6s% -6s"% ("Sun","Mon","Tue","Wed","Thu","Fri","Sat"))
    for i in range(w):
        print("% -6s" %  " ",end="")
```

```
        for d in range(1,md+1):
            print("% -6d" % d,end="")
            w=w+1
            if w% 7==0:
                print()
    y=input("输入年份:")
    y=int(y)
    for m in range(1,13):
        print()
        print("--------------",y,"年",m,"月 --------------")
        printMonth(y,m)
        print()
```

练习 3

1. 计算 1+2+4+…+100 的和。

2. 计算 1+1/3+1/5+…+1/99 的和。

3. 从键盘输入一个字符串，直到按 Enter 键结束，统计字符串中的大、小写英文字母各有多少个。

4. 有一个分数序列 2/1，3/2，5/3，8/5，13/8，21/13，…，求出这个数列的前 20 项之和。

5. 输入若干同学的成绩，计算平均成绩，输入的成绩为负数或大于 100 时表示结束输入。

6. 输入 3 个正整数 a、b、n，精确计算 a/b 的结果到小数后 n 位。

7. 一个猴子第 1 天摘下若干桃子，当即吃了一半，还不过瘾，又多吃了 1 个。第 2 天早上又将剩下的桃子吃掉一半，又多吃了 1 个。以后每天早上都吃了前一天剩下的一半零 1 个。到第 10 天早上想再吃时，见只剩下 1 个桃子了。求第 1 天共摘了多少个桃子。

8. 有一个序列 1，3，5，8，13，21，…，用 while 循环求出这个数列的前 20 项之和。

9. 如果一个数正好等于它的所有因子之和，则称这个数为完数。例如，6 的因子有 1、2、3，而 6=1+2+3，因此 6 是一个完数。编程序找出 1 000 之内的所有完数。

10. 有近千名学生排队，7 人一行余 3 人，5 人一行余 2 人，3 人一行余 1 人。请编写程序求出学生人数。

11. 小华今年 12 岁，他妈妈比他大 20 岁，编写程序计算多少年后他妈妈年龄比他大一倍。

12. 两个乒乓球队进行比赛，各出 3 人。甲队为 a、b、c 3 人，乙队为 x、y、z 3 人。已抽签决定比赛名单。有人向队员打听比赛的名单。a 说他不和 x 比，c 说他不和 x，z 比。请编写程序找出 3 队赛手的名单。

13. 目前世界人口是 60 亿，如果每年按 1.5% 的比例增长，则多少年后是 80 亿？

14. 一球从 80 m 高度自由下落，每次落地后弹回原高度的一半，再落下。求：它在第 10 次落地时共经过多少 m？第 10 次反弹多高？

第4章

Python序列数据

本章重点内容：

- 字符串类型。
- 字符串函数。
- 列表类型。
- 元组类型。
- 字典类型。
- 字典与函数。
- 实践项目：我的英文字典。
- 练习4

微课 4-1
字符串类型

4.1 字符串类型

4.1.1 教学目标

字符串是程序中常用的一种数据类型，字符串可以包含中文与英文等任何字符，在内存中用 Unicode 编码存储，但是存储到磁盘中时往往采用 GBK 或者 UTF-8 等别的编码形式，本节目标是掌握字符串的操作。

字符串类型

PPT

4.1.2 字符串类型的使用

字符数组可以用来存储字符串，字符串在内存中的存放形式也就是字符数组的形式，字符串可以看成是字符的数组，例如：

```
s="Hello";
```

其内存分布如图 4-1-1 所示。

图 4-1-1

1. 获取字符串长度函数 len

实际上字符串 s 的长度为 len (s)，例如：

```
len("abc")   #3
len("我们abc")   #5
```

注意空字符串 s=""是连续两个引号，中间没有任何东西，空串的长度为 0，len(s)=0，但是 s=" "包含一个空格，s 不是空串，长度为 1。

2. 读出字符串各个字符

要得到其中第 i 个字符，可以像数组访问数组元素那样用 s[i] 得到，其中 s[0] 是第 1 个字符，s[1] 是第 2 个字符，……，s[len(s)-1] 是最后一个字符。例如：

```
s="a我们"
n=len(s)
for i in range(n):
  print(s[i])
```

结果：

```
a
我
们
```

注意字符串中的字符是不可以改变的，因此不能对某个字符 s[i] 赋值，如 s[0] ='h'是错误的。

3. 字符在内存中的编码

计算机只能识别二进制数，字符在计算机中实际上是用二进制数存储的，该编码称为 Unicode，每个英文字符用两个字节存储。要想知道某个字符的编码，使用函数 ord(字符)就可以了，例如：

```
s = "Hi,你好"
n = len(s)
for i in range(n):
    print(s[i],ord(s[i]))
```

结果：

```
H 72
i 105
, 65292
你 20320
好 22909
```

可以看到"H"的 Unicode 码是 72，"你"的是 20320。可以用程序测试出"A"~"Z"，"a"~"z"字母的 Unicode 码：

```
S = "ABCDEFGHIJKLMNOPQRSTUVWXYZ"
s = "abcdefghijklmnopqrstuvwxz"
n = len(s)
for i in range(n):
    print(s[i],"---",ord(s[i]),S[i],"---",ord(S[i]))
```

同样可以测试"0"~"9"的 Unicode 码：

```
s = "0123456789"
n = len(s)
for i in range(n):
    print(s[i],"---",ord(s[i]))
```

汉字的编码也是用两个字节才能表示，Unicode 码包含所有的符号。它表示英文字符时有一个字节是 0，这样表示虽然浪费一个字节，但是它把所有的符号都统一成一样的，因此还是划算的。

4. 编码转为字符

如果知道一个符号的编码为 n，那么可以用 chr（n）函数把它转为一个符号，例如：

```
a=chr(25105)
b=chr(20204)
c=chr(119)
d=chr(101)
print(a,b,c,d)
```

结果：

```
我 们 w e
```

5. 字符串的大小比较

两个字符串 a、b 可以比较大小，比较规则是按各个对应字符的 Unicode 编码，编码大的一个为大。

比较 a[0] 与 b[0]，如果 a[0]>b[0] 则 a>b，如果 a[0]<b[0] 则 a<b，如果 a[0]=b[0] 则继续比较 a[1] 与 b[1]。

比较 a[1] 与 b[1]，如果 a[1]>b[1] 则 a>b，如果 a[1]<b[1] 则 a<b，如果 a[1]=b[1] 则继续比较 a[2] 与 b[2]。

……

这个过程一直进行下去，直到比较出大小，如果比较完毕两个字符串的每个字符都一样，那么如果两个字符串一样长 len(a)=len(b)，那么 a=b；如果 len(a)>len(b) 则 a>b；如果 len(a)<len(b) 则 a<b。

编写一个比较函数 compare(a,b) 比较 a、b 大小，如果 a>b 返回 1，如果 a<b 返回 −1，如果 a=b 返回 0，那么 compare 是这样工作的：

```
def compare(a,b):
    m=len(a)
    n=len(b)
    if m<n:
        k=m
    else:
        k=n
```

```
    for i in range(k):
        if a[i]>b[i]:
            return 1
        elif a[i]<b[i]:
            return -1
    if m==n:
        return 0
    elif m>n:
        return 1
    else:
        return -1
```

在实际应用中可以简单使用 ＝＝、＞＝、＜＝、＞、＜、！＝等符号来判断两个字符串的关系。

根据字符的编码存在下列关系：

"0"<"1"<…<"9"<"A"<"B"<…<"Z"<"a"<"b"<…<"z"<汉字

特别注意的是，大写字母比小写字母小！

例 4-1-1　输入一个字符串，统计它包含的大写字母的个数。

```
s=input("Enter a string: ")
count=0
for i in range(len(s)):
    if s[i]>="A" and s[i]<="Z":
        count=count+1
print("count=",count)
```

例 4-1-2　输入一个字符串，统计它包含的大写字母、小写字母、数字的个数。

```
s=input("Enter a string: ")
upper=0
lower=0
digit=0
for i in range(len(s)):
    if s[i]>="A" and s[i]<="Z":
        upper=upper+1
    elif s[i]>="a" and s[i]<="z":
```

```
        lower=lower+1
    elif s[i]>="0" and s[i]<="9":
        digit=digit+1
print("Upper chars: ",upper)
print("Lower chars: ",lower)
print("Digit chars: ",digit)
```

例 4-1-3　输入一个字符串，把它反向显示。

函数 reverseA 与 reverseB 都可以反向显示字符串：

```
def reverseA(s):
    t=""
    for i in range(len(s)-1,-1,-1):
        t=t+s[i]
    return t

def reverseB(s):
    t=""
    for i in range(0,len(s)):
        t=s[i]+t
    return t

print(reverseA("reverse"))
print(reverseA("reverse"))
```

例 4-1-4　输入一个字符串，去掉它左右多余的空格，如" a bc "返回"a bc"。

```
def trim(s):
    t=""
    i=0
    j=len(s)-1
    while i<=j and s[i]==" ":
        i=i+1
    while i<=j and s[j]==" ":
        j=j-1
    for k in range(i,j+1):
        t=t+s[k]
    return t
```

```
s=input("Enter a string: ")
print(s,"length=",len(s))
t=trim(s)
print(t,"length=",len(t))
```

6. 英文字母的大小写转换

如果 c 是一个大写英文字母，那么 ord(c)是它的编码，ord(c)-ord("A")是它相对 "A" 的偏移量，ord("a")是 "a" 的编码，显然 ord("a")+ord(c)-ord("A")是 c 对应的小写字母的编码，因此 chr(ord("a")+ord(c)-ord("A"))就是 c 对应的小写字母。例如：

```
c="P"
d=chr(ord("a")+ord(c)-ord("A"))
print(d)
```

那么 d 是小写 "p"。

同样如果 c 是一个小写的英文字母，那么 chr(ord("A")+ord(c)-ord("a"))是它对应的大写字母。

例 4-1-5　编写把一个字符串中所有小写字母变成大写字母的函数。

```
def myToUpper(s):
    t=""
    for i in range(len(s)):
        if s[i]>="a" and s[i]<="z":
            t=t+chr(ord("A")+ord(s[i])-ord("a"))
        else:
            t=t+s[i]
    return t

def myToLower(s):
    t=""
    for i in range(len(s)):
        if s[i]>="A" and s[i]<="Z":
            t=t+chr(ord("a")+ord(s[i])-ord("A"))
        else:
            t=t+s[i]
    return t
```

```
s=input("Enter a string: ")
print("myToUpper: ",myToUpper(s))
print("myToLower: ",myToLower(s))
```

7. 字符串中的子串

设置 s 为字符串变量，在 s 中取出它的一截，即一个子串，这是常用的一个操作。

例 4-1-6 设计函数 **subString(s,start,length)** 表示从 s 的 **start** 位置开始，取出长度为 **length** 的一个子串。

```
def subString(s,start,length):
  m=len(s)
  if start>=length:
    return ""
  t=""
  i=start
  while i<start+length and i<m:
    t=t+s[i]
    i=i+1
  return t

s="abcdefghijk"
print(subString(s,2,4))
print(subString(s,2,24))
```

4.1.3 【案例】字符串的对称

1. 案例描述

设计程序判断一个字符串是否对称。

2. 案例分析

方法 1：编写一个函数 reverse(s) 把字符串 s 反向，然后把反向的结果与原来的字符串比较，如果一样就说明是对称的。

方法 2：有一种判别对称的方法，用 i、j 表示左右的下标，逐步比较 (s[0],s[len(s)-1]), (s[1],s[len(s)-2]),…,如果有不相等的则一定不对称，如果全部比较完毕都相等则对称。

3. 案例代码

方法 1：

```
def reverse(s):
  t=""
  for i in range(len(s)-1,-1,-1):
      t=t+s[i]
  return t

def isSymmetry(s):
  t=reverse(s)
  if s==t:
      return 1
  else:
      return 0

s=input("Enter a string: ")
if isSymmetry(s)==1:
    print("对称")
else:
    print("不对称")
```

方法 2：

```
def isSymmetry(s):
  i=0
  j=len(s)-1
  while i<=j:
    if s[i]!=s[j]:
      return 0
    i=i+1
    j=j-1
  return 1

s=input("Enter a string: ")
if isSymmetry(s)==1:
    print("对称")
else:
    print("不对称")
```

微课 4-2
字符串函数

PPT 字符串函数

4.2 字符串函数

4.2.1 教学目标

字符串的操作有很多函数，如查找一个字符串 s 是否包含另外一个字符串 t 是字符串运算与查找中经常使用的。本节目标是掌握这些常用的字符串函数。

4.2.2 字符串函数的使用

1. 字符串的子串 string [start:end:step]

字符串中的子串规则与列表中的切片规则完全一样，只是字符串切片后返回一个新的字符串，原来字符串不变。

start、end、step 可选，冒号必须要有，基本含义是从 start 开始（包括 string [start]），以 step 为步长，获取到 end 的一段元素（注意不包括 string[end]）。

如果 step = 1，那么就是 string[start], string[start+1], ..., string[end-2], string[end-1]，如果 step>1，那么第一为 string[start]，第二为 string[start+step]，第三为 string[start+2*step]，...以此类推，最后一个为 string[m]，其中 m<end，但是 m+step>=end。即索引的变化是从 start 开始，按 step 跳跃变化，不断增大，但是不等于 end，也不超过 end。

如果 end 超过了最后一个元素的索引，那么最多取到最后一个元素。

start 不指定则默认为 0，end 不指定则默认为序列尾，step 不指定则默认为 1。

step 为正数则索引是增加的，索引沿正方向变化；如果 step<0，那么索引是减少的，按负方向变化。

不能使用 step=0，否则索引就原地踏步不变了。

如果 start、end 为负数，表示倒数的索引，例如 start = -1，则表示 len(string)-1，start=-2，表示 len(string)-2。

例如：

```
s = "abcdefghijk"
print("s---",s)
print("s[0:2]---",s[0:2])
print("s[:2]---",s[:2])
print("s[2:]---",s[2:])
print("s[2,6]---",s[2:6])
print("s[:]---",s[:])
```

```
print("s[::,2]---",s[::2])
print("s[0:7:2]---",s[0:7:2])
print("s[8:14])---",s[8:14])
print("s[1:5:2]---",s[1:5:2])
print("s[1:4:2]---",s[1:4:2])
```

结果：

```
s--- abcdefghijk
s[0:2]--- ab
s[:2]--- ab
s[2:]--- cdefghijk
s[2,6]--- cdef
s[:]--- abcdefghijk
s[::,2]--- acegik
s[0:7:2]--- aceg
s[8:14])--- ijk
s[1:5:2]--- bd
s[1:4:2]--- bd
```

例如：

```
s = "abcdefghijk"
print("s---",s)
print("s[0:-2]---",s[0:-2])
print("s[:-2]---",s[:-2])
print("s[-2:]---",s[-2:])
print("s[-2,6]---",s[-2:6])
print("s[:]---",s[:])
print("s[::,-2]---",s[::-2])
print("s[7,-1:-1]---",s[7:-1:-1])
print("s[8:0.-1])---",s[8:0:-1])
print("s[5:1:-2]---",s[5:1:-2])
print("s[4:1.-2]---",s[4:1:-2])
```

结果：

```
s--- abcdefghijk
s[0:-2]--- abcdefghi
```

```
s[:-2]--- abcdefghi
s[-2:]--- jk
s[-2,6]---
s[:]--- abcdefghijk
s[::,-2]--- kigeca
s[7,-1:-1]---
s[8:0.-1])--- ihgfedcb
s[5:1:-2]--- fd
s[4:1.-2]--- ec
```

2. 字符串转大小写函数 upper( )、lower( )

格式：s. upper( )

作用：返回一个字符串，把 s 中的所有小写字母转为大写字母。

格式：s. lower( )

功能：返回一个字符串，把 s 中的所有大写字母转为小写字母。

例如：

```
s=" Python(version4.5)is easy"
print(s.upper())
print(s.lower())
print(s)
```

输出：

```
PYTHON(VERSION4.5)IS EASY
python(version4.5)is easy
Python(version4.5)is easy
```

注意 s 自己是不变化的，s. upper( )只是返回另外一个大写的新字符串。

3. 字符串查找函数 find(t)

格式：s. find(t)

作用：返回在字符串 s 中查找 t 子串第一次出现的位置下标，如不存在就返回-1。

例如：

```
s="12abcabcab"
i=s.find("ab")
j=s.find("abd")
print(i,j)
```

输出：

```
2  -1
```

"ab"在 s 中出现两次，返回第一次出现的位置 2，"abd"在 s 中不存在。

4. 字符串查找函数 rfind(t)

格式：s. rfind(t)

作用：返回在字符串 s 中查找 t 子串最后一次出现的位置下标，如不存在就返回−1。

例如：

```
s ="12abcabcab"
i =s. rfind("ab")
j =s. rfind("abd")
print(i,j)
```

输出：

```
8  -1
```

"ab"在 s 中出现两次，返回最后一次出现的位置 8，"abd"在 s 中不存在。

rfind 函数与 find 函数类似，只是 rfind 从右边开始找 t，而 find 是从左边开始找。

5. 字符串查找函数 index(t)

格式：s. index(t)

作用：返回在字符串 s 中查找 t 子串第一次出现的位置下标，如不存在就报错误。

例如：

```
s ="12abcabcab"
i =s. index("ab")
j =s. index("abd")
print(i,j)
```

index 函数与 find 函数功能完全一样，不同的是要找的子串不存在时，index 会报错误，find 只默默返回−1，find 比 index 好用，建议使用 find 而不用 index。

6. 字符串判断函数 startswith(t)、endswith(t)

格式：s. startswith(t)

作用：判断字符串 s 是否以子串 t 开始，返回逻辑值。

格式：s. endswith（t）

作用：判断字符串 s 是否以子串 t 结束，返回逻辑值。

例如：

```
s="12abcabcab"
i=s.startswith("12a")
j=s.endswith("ab")
print(i,j)
```

结果：

```
True  True
```

显然可以用 find 函数来编写功能与 . startswith（t）一样的 myStartsWith（s,t）函数：

```
def myStartsWith(s,t):
    i=s.find(t)
    if i==0:
        return True
    else:
        return False
```

myStartsWith（s,t）函数与 s. startswith（t）最大不同是前者是一般函数，字符串 s 作为变量传入，而后者 startswith（t）是字符串对象自己的函数，因此使用方法不同。

同样也可以编写功能与 endswith（t）一样的函数 myEndsWith（s,t）：

```
def myEndsWith(s,t):
    i=s.rfind(t)
    if i>=0 and i==len(s)-len(t):
        return True
    else:
        return False
```

7. 字符串去掉空格函数 lstrip（ ）、rstrip（ ）、strip（ ）

格式：s. lstrip（ ）

作用：返回一个字符串，去掉了 s 中左边的空格。

格式：s. rstrip( )

作用：返回一个字符串，去掉了 s 中右边的空格。

格式：s. strip( )

作用：返回一个字符串，去掉了 s 中左边与右边的空格，等同 s. lstrip( ). rstrip( )。

例如：

```
s=" ab x yz "
a=s.lstrip()
b=s.rstrip()
c=s.strip()
print(a,len(a))
print(b,len(b))
print(c,len(c))
print(s,len(s))
```

由此可见它们只是去掉左边或者右边的空格，不去掉字符串中间包含的空格。

8. 字符串分离函数 split(sep)

格式：s. split(sep)

作用：用 sep 分割字符串 s，分割出的部分组成列表返回。

其中 sep 是分隔符，结果是字符串按 sep 字符串分割成多个字符串，这些字符串组成一个列表，即函数 split 调用后返回一个列表。例如：

```
s="I am learning Python"
w=s.split(" ")
print(w)
```

是把字符串 s 按空格分离开生成一个列表，结果：

```
['I','am','learning','Python']
```

而程序：

```
s="I am learning Python"
w=s.split("ear")
print(w)
```

是按" ear" 把字符串 s 分离开，结果：

```
['I am l','ning Python']
```

程序：

```
s="abcabcabc"
w=s.split("ab")
print(w)
```

是按"ab"分离字符串，结果：

```
['','c','c','c']
```

第一个元素是一个空字符串。

例 4-2-1　编写 myLower(s)实现 s.lower( )。

```
def myLower(s):
    t=""
    for i in range(len(s)):
        if s[i]>="A" and s[i]<="Z":
            t=t+chr(ord("a")+ord(s[i])-ord("A"))
            else:
                t=t+s[i]
        return t
s="aABEbwWFEW"
a=s.lower()
b=myLower(s)
print(a)
print(b)
```

结果发现 myLower(s)功能与 s.lower( )一样。

例 4-2-2　编写 myStrip(s)实现 s.strip( )。

编写函数 myStrip(s)，在 s 的左边与右边找空格，跳过这些空格。

```
def myStrip(s):
    i=0
    j=len(s)-1
    #i 是左边下标,跳过左边空格
    while i<=j and s[i]==" ":
        i=i+1
    #j 是右边下标,跳过右边空格
```

```
        while j>=i and s[j]==" ":
            j=j-1
    return s[i:j+1]

s=" a b  "
a=myStrip(s)
b=s.strip()
print(a,len(a))
print(b,len(b))
```

结果发现 myStrip(s)功能与 s.strip( )一样。

例 4-2-3　编写 **mySplit(s,sep)** 实现 s.split(sep)。

仔细分析 split 的工作过程。s.split(sep)时首先它在字符串 s 找到 sep 的位置，例如在 i 处，然后把 s[0:i]部分作为第一个元素（不包含 s[i]），之后从[i]开始跨过 sep 取出 s[i+len(sep)]的后半部分，再次进行同样的操作，一直到找不到 sep 为止。

例如 s="abcabcabc"，s.split("ab")，设计 t=[ ]，在 i=0 处找到"ab"，s[0:0]是空串，因此 t=[" "]；然后跨过"ab"后是 s[2:]即 s="cabcabc"，再次找"ab"，i=1，s[0:1]为"c"，因此 t=[" ","c"]；s=s[1+2:]即 s="cabc"，再次找"ab"，i=1，s[0:1]为"c"，t=[" ","c","c"]；s=s[1+2:]即"c"，在 s="c"中没有找到"ab"，把"c"加入 t，因此最后 t=[" ","c","c","c"]。

可以自己编写一个 mySplit(s,sep)函数完成这个工作：

```
def mySplit(s,sep):
    i=s.find(sep)
    t=[]
    while i>=0:
        w=s[0:i]
        t.append(w)
        s=s[i+len(sep):]
        i=s.find(sep)
    t.append(s)
    return t

s="abcababcab"
a=s.split("ab")
b=mySplit(s,"ab")
```

```
print(a)
print(b)
```

结果发现与系统的 s.split(sep)功能一样。

4.2.3 【案例】寻找字符串的子串

1. 案例描述

编写 myFind(s,t)实现 s.find(t)。

2. 案例分析

设置 s 为字符串变量，在 s 中查找是否包含子字符串 t 是一个常用的操作。例如 s = "I am testing"，t = "am"，那么 s 包含 t；如果 t = "test"，s 也包含 t；但是 t = "tested" 时 s 不包含 t。设计函数 index(s,t)测试 s 是否包含 t，如果包含就返回 t 在 s 的开始下标位置，否则返回 -1。

查找的方法是从 s[i]开始，把 t 与 s[i]对齐，查看 s[i]与 t[0]，s[i+1]与 t[1]，…，s[i+len(t)−1]与 t[len(t)−1]是否相同，如果都相同那么说明 s 包含 t，否则就更换一个 i 再次比较。

3. 案例代码

```
def myFind(s,t):
  m=len(s)
  n=len(t)
  if m<n:
    return -1
  i=0
  while i<=m-n:
    j=0
    while j<n:
      if s[i+j]! =t[j]:
        break
      j=j+1
    if j==n:
      return i
    i=i+1
  return -1

s="ababcabcd12ab"
print(myFind(s,"abc"),s.find("abc"))
print(myFind(s,"ad"),s.find("ad"))
```

结果发现 myFind(s,t)功能与 s.find(t)一样。

4.3　列表类型

微课 4-3
列表类型

PPT　列表类型

4.3.1　教学目标

字符串或者数值列表是程序中常用的数据类型，例如使用一个字符串列表存储全国的省份名称，使用一个数值列表存储全班学生的成绩等。本节目标是掌握这种列表数据的使用。

4.3.2　列表类型的使用

列表是 Python 中最基本的数据结构，列表是常用的 Python 数据类型，列表的数据项不需要具有相同的类型。列表中的每个元素都分配一个数字——它的位置或索引，第 1 个索引是 0，第 2 个索引是 1，依此类推。序列都可以进行的操作包括索引、切片、加、乘、检查成员。此外，Python 已经内置确定序列的长度以及确定最大和最小元素的方法。

1. 创建一个列表

只要把逗号分隔的不同的数据项使用方括号括起来即可，例如：

```
list1 = ['physics','chemistry','math', 1997, 2000]
list2 = [1, 2, 3, 4, 5, 4, 2]
```

列表的元素可以重复，如 list2 中的 2、4 都重复出现，列表中的元素类型不一定要完全一样，如 list1 中有字符串也有数值。

列表类型是 Python 中的 list 类实例，例如：

```
list=['a','b','c','d']
print(list)
print(type(list))
```

输出结果：

```
['a','b','c','d']
<class'list'>
```

其中 type（list）返回的类型是一个名称为 list 的类。

2. 访问列表中的值

使用下标索引来访问列表中的值，同样也可以使用方括号的形式截取字符，截取的方法与字符串中截取的类似，例如：

```
list1 = ['physics','chemistry', 1997, 2000]
list2 = [1, 2, 3, 4, 5, 6, 7 ]
print ("list1[0]: ", list1[0])
print ("list2[1:5]: ", list2[1:5])
```

输出结果：

```
list1[0]:  physics
list2[1:5]:  [2, 3, 4, 5]
```

3. 更新列表

可以对列表的数据项进行修改或更新，也可以使用 append( ) 方法来添加列表项，例如：

```
list = ['physics', 'chemistry', 1997, 2000]
print ("Value available at index 2 : ")
print (list[2])
list[2] = 2001
print( "New value available at index 2 : ")
print ( list[2])
```

输出结果：

```
Value available at index 2 :
1997
New value available at index 2 :
2001
```

4. 删除列表元素

可以使用 del 语句来删除列表的元素，例如：

```
list1 = ['physics','chemistry', 1997, 2000,2017]
print ( list1)
del list1[2]
print  ("After deleting value at index 2 : ")
print  (list1)
```

输出结果：

```
['physics','chemistry', 1997, 2000,2017]
After deleting value at index 2 :
['physics','chemistry', 2000,2017]
```

5. 列表操作的联合

可以使用"+"来连接多个列表，例如：

```
list1 =["a","b"]
list2 =["c",a"]
list3 =list1+list2
print(list3)
```

输出结果：

```
[a","b","c","a"]
```

6. 列表的截取 L [start: end: step]

start、end、step 可选，冒号必须要有，基本含义是从 start 开始（包括 L[start]），以 step 为步长，获取到 end 的一段元素（注意不包括 L[end]）。

如果 step=1，那么就是 L[start]，L[start+1]，…,L[end-2],L[end-1]，如果 step>1，那么第一为 L[start]，第二为 L[start+step]，第三为 L[start+2 * step]，…，以此类推，最后一个为 L[m]，其中 m<end，但是 m+step > = end。即索引的变化是从 start 开始，按 step 跳跃变化，不断增大，但是不等于 end，也不超过 end。

如果 end 超过了最后一个元素的索引，那么最多取到最后一个元素。

start 不指定则默认值为 0，end 不指定则默认值为序列尾，step 不指定则默认值为 1。

step 为正数则索引是增加的，索引沿正方向变化；如果为 step<0，则索引是减少的，沿负方向变化。

不能使用 step=0，否则索引就原地踏步不变了。

如果 start、end 为负数，表示倒数的索引，例如 start = -1；则表示 len(L)-1；start = -2，表示 len(L)-2。

例 4-3-1　列表的截取。

```
L =  [1,2,3,4,5,6,7,8,9,10,11]
L[0:2]   #[1,2],取区间[i,j),左闭右开
L[:2]     #同上,可省略第一位
L:[2:]    #[3,4,5,6,7,8,9,10,11]
```

```
L[2:-1]    #[3,4,5,6,7,8,9,10]
L[:]       #同11,相当于复制一份
L[::2]     #步长2,[1,3,5,7,9,11]
L[0:7:2]   #[1,3,5,7]
L[7:0:-2]  #[8,6,4,2]注意步长为负,理解起来相当于从7到1,倒序步长2
L[8:14]    #[9,10,11]注意end超过最后的索引
```

例 4-3-2　列表的截取。

```
L = ["a0","a1","a2","a3","a4","a5","a6","a7","a8","a9"]
print("L---",L)
print("L[0:-2]---",L[0:-2])
print("L[:-2]---",L[:-2])
print("L[-2:]---",L[-2:])
print("L[-2,6]---",L[-2:6])
print("L[:]---",L[:])
print("L[::,-2]---",L[::-2])
print("L[7,-1:-1]---",L[7:-1:-1])
print("L[8:0.-1])---",L[8:0:-1])
print("L[5:1:-2]---",L[5:1:-2])
print("L[4:1.-2]---",L[4:1:-2])
```

输出结果：

```
L--- ['a0','a1','a2','a3','a4','a5','a6','a7','a8','a9']
L[0:-2]--- ['a0','a1','a2','a3','a4','a5','a6','a7']
L[:-2]--- ['a0','a1','a2','a3','a4','a5','a6','a7']
L[-2:]--- ['a8','a9']
L[-2,6]--- []
L[:]--- ['a0','a1','a2','a3','a4','a5','a6','a7','a8','a9']
L[::,-2]--- ['a9','a7','a5','a3','a1']
L[7,-1:-1]--- []
L[8:0.-1])--- ['a8','a7','a6','a5','a4','a3','a2','a1']
L[5:1:-2]--- ['a5','a3']
L[4:1.-2]--- ['a4','a2']
```

7. 判断一个元素是否在列表中

使用 in 或者 not in 操作判断一个元素是否在或者不在列表中，例如：

```
list=['a','b','c','d']
print('a' in list)
print('A' in list)
print('A' not in list)
```

输出结果：

```
True
False
True
```

其中 a 在列表中，但是 A 不在列表中。

4.3.3　列表常用操作函数

1. list. append（obj）

作用：在列表末尾添加新的对象。

以下实例展示了 append（）函数的使用方法：

```
aList = [123, 'xyz', 'zara', 'abc']
aList.append( 2009 )
print ("Updated List : ", aList)
```

以上实例输出结果如下：

```
Updated List :  [123, 'xyz', 'zara', 'abc', 2009]
```

2. list. count（obj）

作用：统计某个元素在列表中出现的次数。

以下实例展示了 count（）函数的使用方法：

```
aList = [123, 'xyz', 'zara', 'abc', 123]
print ("Count for 123 : ", aList.count(123))
print ("Count for zara : ", aList.count('zara'))
print ("Count for abc : ", aList.count('abc'))
```

以上实例输出结果如下：

```
Count for 123 :  2
Count for zara :  1
Count for abc:  1
```

3. list. extend （seq）

作用：在列表末尾一次性追加另一个序列中的多个值（用新列表扩展原来的列表）。

以下实例展示了 extend () 函数的使用方法：

```
aList = [123,'xyz','zara','abc', 123]
bList = [2009,'manni']
aList.extend(bList)
print ("Extended List : ", aList )
```

以上实例输出结果如下：

```
Extended List :  [123,'xyz','zara','abc', 123, 2009,'manni']
```

4. list. index （obj）

作用：从列表中找出某个值第一个匹配项的索引位置。

以下实例展示了 index () 函数的使用方法：

```
aList = [123,'xyz','zara','abc']
print ("Index for xyz : ", aList.index('xyz') )
print ("Index for zara : ", aList.index('zara') )
```

以上实例输出结果如下：

```
Index for xyz :  1
Index for zara :  2
```

注意如果元素不在列表中，那么会提示错误：

```
print ("Index for abc: ", aList.index('abc') )   #错误!
```

5. list. insert （index，obj）

作用：将对象插入列表。

以下实例展示了 insert () 函数的使用方法：

```
aList = [123,'xyz','zara','abc']
aList.insert(3, 2009)
print ("Final List : ", aList)
```

以上实例输出结果如下：

```
Final List : [123,'xyz','zara',2009,'abc']
```

6. list. remove（obj）

作用：移除列表中某个值的第一个匹配项。

以下实例展示了 remove（）函数的使用方法：

```
aList = [123,'xyz','zara','abc','xyz']
aList.remove('xyz')
print ("List : ", aList)
aList.remove('abc')
print ("List : ", aList)
```

以上实例输出结果如下：

```
List : [123,'zara','abc','xyz']
List : [123,'zara','xyz']
```

注意如果要删除的元素不在列表中就会提示错误：

```
aList.remove('abcd')      #错误!
```

7. 删除元素 del list［index］

如果要删除某个指定索引 index 的元素，那么可以采用：

```
del list[index]
```

例如：

```
aList = [123,'xyz','zara','abc']
del aList[2]
print(aList)
```

输出结果：

```
[123,'xyz','abc']
```

8. 弹出元素 list. pop（index=-1）

弹出元素与删除元素一样，都是从列表中移除一个元素项。如果要弹出某个指定索引 index 的元素，那么可以采用：

```
list.pop(index)
```

index 的默认值是-1，使用 list. pop( )即弹出最后一个元素。

例如：

```
list=['a','b','c','d']
list.pop()
print(list)
list.pop(0)
print(list)
```

输出结果：

```
['a','b','c']
['b','c']
```

9. list. reverse( )

作用：反向列表中元素。

注意反向后原来列表的元素顺序改变了，以下实例展示了 reverse( )函数的使用方法：

```
aList = [123,'xyz','zara','abc','xyz']
aList.reverse()
print ("List : ", aList)
```

以上实例输出结果如下：

```
List : ['xyz','abc','zara','xyz', 123]
```

10. list. sort( )

作用：对原列表进行排序。

注意排序后原来列表的元素顺序改变了，以下实例展示了 sort( )函数的使用方法：

```
aList = ['123','xyz','zara','abc','xyz']
aList.sort()
print ("List : ", aList)
```

以上实例输出结果如下：

```
List : ['123','abc','xyz','xyz','zara']
```

注意：要对列表的元素进行排序，这些元素必须是同类型的，如全部为字符串，或者全部为数值，保证它们两两能进行大小比较。如果类型是混合的，则不能进行排序，例如：

```
aList = [1,6,3,2,"a"]
aList.sort()
print ("List : ", aList)
```

结果错误：

```
TypeError: unorderable types: str() < int()
```

4.3.4　列表与函数

列表作为函数参数，如果在函数中改变了列表，那么调用处的列表也同时被改变。也就是说调用处的实际参数与函数的形式参数是同一个变量，这一点与普通的整数、浮点数、字符串变量不同。

例 4-3-3　列表作为函数参数。

```
def fun( mylist,m,s):
    "修改传入的列表"
    mylist.append(1);
    m=1
    s="changed"
    print ("函数内取值: ", mylist,m,s)

#调用 fun 函数
mylist = [10,20,30];
m=0
s="try"
fun( mylist,m,s );
print ("函数外取值: ", mylist,m,s)
```

输出结果：

```
函数内取值:  [10, 20, 30, 1] 1 changed
函数外取值:  [10, 20, 30, 1] 0 try
```

可以看到 mylist 发生了改变，但是整数 m 与字符串 s 没有变化。

例 4-3-4　函数返回列表。

```
def fun():
    list=[]
    for i in range(10):
        list.append(i)
    return list

#调用 fun 函数
list=fun()
print(list)
```

输出结果：

```
[0, 1, 2, 3, 4, 5, 6, 7, 8, 9]
```

列表是一个变量对象，函数可以返回一个列表。

4.3.5 【案例】列表存储省份与城市

1. 案例描述

使用列表 provinces 存储部分省份名称，再使用另外一个列表 cities 存储对应省份的城市，实现省份与城市的查找。

2. 案例分析

provinces 与 cities 设计如下：

```
provinces=["广东","四川","贵州"]
cities=[["广州","深圳","惠州","珠海"],["成都","内江","乐山"],["贵阳","六盘水","遵义"]]
```

这样一个序号 index 下 provinces［index］为省份，而 cities［index］是这个省份的城市，也是一个列表。

3. 案例代码

（1）输入省份查找城市

```
provinces=["广东","四川","贵州"]
cities=[["广州","深圳","惠州","珠海"],["成都","内江","乐山"],["贵阳","六盘水","遵义"]]
p=input("输入省份:")
found=False
for i in range(len(provinces)):
    if provinces[i]==p:
```

```
            print(provinces[i],end=":")
            for j in range(len(cities[i])):
                print(cities[i][j],end=" ")
            found=True
            break
    if not found:
        print("没有这个省份")
```

程序中 cities 是一个二维的列表，即 cities 是一个列表，它的每个元素也是一个列表。

（2）输入城市查找省份

```
provinces=["广东","四川","贵州"]
cities=[["广州","深圳","惠州","珠海"],["成都","内江","乐山"],["贵
阳","六盘水","遵义"]]

def search(c):
    for i in range(len(cities)):
        for x in cities[i]:
            if x==c:
                print(c,"在",provinces[i]+"省")
                return
    print("没有查到")

c = input("输入城市:")
search(c)
```

程序中设计 search(c) 函数查找 c 城市的省份，第 1 个 i 循环遍历所有 cities 中的元素；第 2 个循环中 cities[i] 又是一个列表，在此循环中查找城市，如果查找成功那么 provinces[i] 就是该城市所在的省份。

4.4　元组类型

4.4.1　教学目标

在程序中求一组值的最大值或者最小值时常用的操作，例如：

```
def max(a,b):
    return a if a>b else b
```

微课 4-4
元组类型

PPT　元组类型

可以计算两个值的最大值，但 3 个参数的最大值就无法计算，能不能设计一个 max 函数计算任意多个数的最大值呢？

教学目标是掌握元组的使用，最后设计一个这样通用的最大值函数，在调用时可以指定任意多个数，都能找出这些数的最大值。

4.4.2 元组类型的使用

元组也是 Python 中常用的一种数据类型，它是 tuple 类的类型，与列表 list 几乎相似，区别如下。

① 元组数据使用圆括号( )来表示，如 t = ('a','b','c')。

② 元组数据的元素不能改变，只能读取。

因此可以简单理解元组就是只读的列表，除了不能改变外其他特性与列表完全一样。

例 4-4-1 元组的使用。

```
s=(1,3,2,3,4,5)
print(s)
prnt(type(s))
```

结果：

```
(1, 3, 2, 3, 4, 5)
<class 'tuple'>
```

例 4-4-2 建立一个代表星期的元组表，输入一个 0 ~ 6 的整数，输出对应的星期名称。

```
week=("日","一","二","三","四","五","六")
print(week)
w=input("Enter an integer: ")
w=int(w)
if w>=0 and w<=6:
    print("星期"+week[w])
else:
    print("错误输入")
```

结果：

```
('日', '一', '二', '三', '四', '五', '六')
Enter an integer: 3
星期三
```

如果在函数参数的末尾使用"*"参数，那么该参数是可以变化的，一般标注为*args 参数，在函数中成为一个元组，注意这样的*args 的参数必须放在函数参数的末尾。

例 4-4-3　元组可变参数的函数。

```
def fun(x,y,*args):
    print(x,y)
    print(args)

fun(1,2)
fun(1,2,3)
fun(1,2,3,4)
```

结果：

```
1 2
()
1 2
(3,)
1 2
(3, 4)
```

其中 args 就是一个可变参数，它根据实际的调用成一个元组，fun(1,2)时 x=1,y=2，而 args=()，但是 fun(1,2,3)时 x=1,y=2,args=(3,)。

显然不能设计成 def fun(x,*args,y)，或者 def fun(*args,x,y)，不然调用 fun(1,2,3)时不确定到底 args 应该是多少个参数的元组。

4.4.3　【案例】通用的最大值函数

1. 案例描述

设计一个通用的最大值函数 max，可以用来计算出任意个数的最大值。

2. 案例分析

函数设计成带任意参数*args 的形式：

```
def max(*args)
```

那么就可以带任意参数调用了，例如：

```
print(max(1,2))
print(max(1,2,3,4))
```

3. 案例代码

```
def max(*args):
    print(args)
    m=args[0]
    for i in range(len(args)):
        if m<args[i]:
            m=args[i]
    return m
print(max(1,2))
print(max(1,2,0,3))
```

结果：

```
(1, 2)
2
(1, 2, 0, 3)
3
```

由此可见，在调用 max(1,2)时 1、2 都传递给 args 参数，args=(1,2)成为一个元组，同样 max(1,2,0,3)使 args=(1,2,0,3)成为一个元组。

4.5 字典类型

4.5.1 教学目标

在程序中经常碰到键值对的问题，即给定一个键值 key，那么它对应的值 value 是什么？例如一个学生的姓名(key)是什么(value)，性别(key)是什么(value)。本节目标是掌握这种字典的应用，实现用列表与字典存储一组学生的信息，方便查找。

微课 4-5
字典类型

PPT 字典类型

PPT

4.5.2 字典类型的使用

字典是另一种可变容器模型，且可存储任意类型对象，字典的每个键值(key=>value)对用冒号(:)分割，每个对之间用逗号(,)分割，整个字典包括在花括号{}中，格式如下：

```
d = {key1 : value1, key2 : value2 }
```

键必须是唯一的，但值则不必。值可以取任何数据类型，但键必须是不可变的，如字符串、数字或元组。一个简单的字典实例：

```
dict = {'Alice':'2341','Beth':'9102','Cecil':'3258'}
print(type(dict))
```

结果：

```
<class 'dict'>
```

由此可见字典类型是一个类名称为 dict 的对象类型。

1. 访问字典里的值

把相应的键放入熟悉的方括弧，如下实例：

```
dict = {'Name':'Zara','Age':7,'Class':'First'}
print ("dict['Name']: ", dict['Name'])
print ("dict['Age']: ", dict['Age'])
```

以上实例输出结果：

```
dict['Name']:  Zara
dict['Age']:  7
```

如果用字典里没有键的访问数据，会输出错误如下：

```
dict = {'Name':'Zara','Age':7,'Class':'First'}
print ("dict['Alice']: ", dict['Alice'])
```

以上实例输出结果：

```
dict['Zara']:
Traceback (most recent call last):
  File "test.py", line 4, in <module>
    print "dict['Alice']: ", dict['Alice']
KeyError: 'Alice'
```

2. 修改字典

向字典添加新内容的方法是增加新的键/值对，修改或删除已有键/值对。

```
dict = {'Name':'Zara','Age':7,'Class':'First'}
```

如果一个键值已经存在，那么可以修改它的值

```
dict['Age'] = 8
```

如果一个键值不存在，那么可以增加

```
dict['School'] = "DPS School"
print("dict['Age']: ", dict['Age'])
print("dict['School']: ", dict['School'])
```

以上实例输出结果：

```
dict['Age']:  8
dict['School']:DPS School
```

3. 删除字典元素

删除一个字典用 del 命令，如下实例：

```
dict = {'Name':'Zara','Age': 7,'Class':'First'}
del dict['Name']   #删除键是 Name 的条目
dict.clear()        #清空词典所有条目
del dict            #删除词典
```

4. 字典键的特性

字典值可以没有限制地取任何 python 对象，既可以是标准的对象，也可以是用户定义的，但键不行，两个重要的点需要记住：

① 不允许同一个键出现两次，创建时如果同一个键被赋值两次，后一个值会被记住，如下实例：

```
dict = {'Name':'Zara','Age': 7,'Name':'Manni'}
print ("dict['Name']: ", dict['Name'])
```

以上实例输出结果：

```
dict['Name']:  Manni
```

② 键必须不可变，可以用数字、字符串或元组充当，所以用列表就不行，如下实例：

```
dict = {['Name']:'Zara','Age': 7}
print ("dict['Name']: ", dict['Name'])
```

以上实例输出结果：

```
Traceback (most recent call last):
  File "test.py", line 3, in <module>
    dict = {['Name']:'Zara', 'Age': 7}
TypeError: list objects are unhashable
```

5. 函数得到字典的长度 len(dict)

以下实例展示了 len( )函数的使用方法：

```
dict = {'Name':'Zara','Age': 7}
print ("Length : ",len (dict))
```

以上实例输出结果为：

```
Length : 2
```

6. 删除字典 dict 的所有元素 dict. clear( )

以下实例展示了 clear( )函数的使用方法：

```
dict = {'Name':'Zara','Age': 7}
print ("Start Len : ",len(dict))
dict.clear()
print "End Len : ", len(dict))
```

以上实例输出结果为：

```
Start Len : 2
End Len : 0
```

7. 获取字典的所有键值函数 dict. keys( )

Python 字典 keys( )函数以列表返回一个字典所有的键，以下实例展示了
keys( )函数的使用方法：

```
dict = {'Name':'Zara','Age': 7}
print ("keys : ", dict.keys())
```

以上实例输出结果为：

```
keys : ['Age','Name']
```

8. dict. getKey(key, default = None)

Python 字典 get( )函数返回指定键的值，如果值不在字典中返回默认值

None 或者指定的值，以下实例展示了 get( ) 函数的使用方法：

```
dict = {'Name':'Zara','Age': 27}
print ("Value : % s"  %   dict.get('Age'))
print ("Value : % s"  %   dict.get('Sex', "Never"))
```

以上实例输出结果为：

```
Value : 27
Value : Never
```

4.5.3 【案例】字典存储学生信息

1. 案例描述
使用列表与字典存储学生信息，方便查找，学生信息包括的姓名、性别、年龄。

2. 案例分析
一个学生的信息是字典对象，例如：

```
{"Name":"张三","Gender":"男","Age":20}
```

设计一个列表 st = [ ]，它存储多个学生，每个列表元素是一个学生字典对象，例如：

```
st=[{"Name":"张三","Gender":"男","Age":20},{"Name":"张四","Gender":"女","Age":20}]
```

3. 案例代码

```
st=[]
def getStudents():
    global st
    st=[]
    st.append({"Name":"张三","Gender":"男","Age":20})
    st.append({"Name": "李四", "Gender": "女", "Age": 21})
    st.append({"Name": "王五", "Gender": "男", "Age": 22})

def seekStudent(Name):
    for s in st:
        if s["Name"]==Name:
```

```
        print(s["Name"], s["Gender"], s["Age"])
        return
    print("没有姓名是",Name,"的学生")

getStudents()
seekStudent("张三")
seekStudent("张四")
```

结果：

```
张三 男 20
没有姓名是 张四 的学生
```

PPT　字典与函数

PPT

4.6　字典与函数

4.6.1　教学目标

Python 的数据类型是非常灵活的，字典是非常常用的一种类型，字典可以作为函数参数，函数也可以返回一个字典。本节目标是设计一个程序存储省份与其所辖城市的信息，实现查询功能，并借此掌握字典在函数中的应用。

4.6.2　字典与函数的使用

1. 字典作为函数参数

字典作为函数参数，如果在函数中改变了字典，那么调用处的字典也同时被改变。也就是说调用处的实际参数与函数的形式参数是同一个变量，这一点与普通的整数、浮点数、字符串变量不同。

例 4-6-1　字典作为函数参数。

```
def fun(dict):
    dict["name"]="aaa"
    print("inside:",dict)

dict={"name":"xxx","age":30};
print("before",dict)
fun(dict)
print("after",dict);
```

结果：

```
before {'name':'xxx','age': 30}
inside: {'name':'aaa','age': 30}
after {'name':'aaa','age': 30}
```

由此可见，dict 在函数中变化后，在主程序中也变化了。

2. 函数返回字典

字典可以作为函数返回值返回。

例 4-6-2　字典作为函数返回值。

```
def fun():
    dict={}
    dict["name"]="aaa"
    dict["age"]=20
    dict["gender"]="male"
    return dict

def show(dict):
    keys=dict.keys()
    for key in keys:
        print(key,dict[key])

dict=fun()
print(dict)
show(dict)
```

结果：

```
{'name':'aaa','age': 20,'gender':'male'}
name aaa
age 20
gender male
```

4.6.3　字典与字典参数

Python 中除了用"*"表示的元组可变参数外，还有一种是"**"表示的字典可变参数，一般标识为**kargs，这种 kargs 在函数中是一个字典，在调用时实际参数按 key=value 的键值对方式提供参数。

例 4-6-3　具有字典可变参数的函数。

```
def fun(x,y=2,**kargs):
    print(x,y)
    print(kargs)

fun(1,2)
fun(1,2,z=3)
fun(1,2,a=3,b="demo")
fun(x=1,y=2,z=3)
fun(y=1,x=2,z=5,s="demo")
fun(x=1,z=3)
```

结果:

```
1 2
{}
1 2
{'z':3}
1 2
{'a':3,'b':'demo'}
1 2
{'z':3}
2 1
{'z':5,'s':'demo'}
1 2
{'z':3}
```

由此可见,在调用时 fun(1,2,a=3,b="demo") 使得 kargs={'a':3,'b':'demo'} 变成一个字典。

注意如果函数有 *args 及 **kargs 参数同时存在,那么 *args 必须放在 **kargs 参数前面,即函数最后两个参数是 *args, **kargs。

例 4-6-4　具有元组可变参数与字典可变参数的函数。

```
def fun(x,y=2,*args,**kargs):
    print(x,y)
    print(args)
    print(kargs)
```

```
fun(1,2)
fun(1,2,3,4)
fun(1,2,3,4,z=5,s="demo")
```

结果：

```
1 2
()
{}
1 2
(3, 4)
{}
1 2
(3, 4)
{'z': 5, 's': 'demo'}
```

由于*args 的参数是位置参数，因此有*args 出现时，*args 前面的函数参数在调用时不能以关键字参数的方式出现，只能以位置参数的方式出现，例如下列是错误的调用：

```
fun(x=1,y=2,3,4)
```

4.6.4 【案例】字典存储省份与城市

1. 案例描述
设计一个程序存储省份与其所辖城市的信息，实现查询功能。

2. 案例分析
设计字典 provinces 如下：

```
provinces={"广东":["广州","深圳"],"四川":["成都","内江","乐山"]}
```

字典 provinces 的 keys 是各个省的名称，一个省的值是一个列表，是它下辖的各个城市。

3. 案例代码

拓展案例

```
#provinces 是全局的变量
provinces={}

def append(province,cities):
```

```
        global provinces
        if province not in provinces.keys():
            provinces[province]=cities
        else:
            print(province+"已经存在")

def show():
    for p in provinces.keys():
        print(p,provinces[p])

def seekProvince(province):
    if province in provinces.keys():
        print(province,end=":")
        for c in provinces[province]:
            print(c,end=" ")
        print()
    else:
        print("没有这个省份")

def seekCity(city):
    for p in provinces.keys():
        if city in provinces[p]:
            print(city+"属于"+p+"省")
            return
    print("没有这个城市")

append("广东",["广州","深圳"])
append("四川",["成都","内江","乐山"])
append("贵州",["贵阳","六盘水","兴义"])
show()
seekProvince("四川")
seekCity("六盘水")
```

程序结果：

```
广东 ['广州', '深圳']
四川 ['成都', '内江', '乐山']
贵州 ['贵阳', '六盘水', '兴义']
四川:成都 内江 乐山
六盘水属于贵州省
```

4.7 实践项目：我的英文字典

4.7.1 项目目标

微课 4-6
我的英文字典

实现一个简单的英语字典查询与管理程序。一个英文单词包含单词与单词的注释，结构如下：

```
words=[{"word":"about","note":"在附近,关于"},{"word":"post",
"note":"邮寄,投递"}]
```

所有的单词组成一个列表，每个单词与注释成为一个字典，程序的功能就是管理这样一组单词记录，程序有查找单词、增加单词、更新注释、删除单词、显示单词等功能。

程序运行的效果如下：

```
1. 显示 2. 查找 3. 增加 4. 更新 5. 删除 6. 退出
请选择(1,2,3,4,5):1
about            :在附近,关于
post             :邮寄,投递
```

4.7.2 项目设计

1. 单词存储

数据使用全局变量 words = [ ]存储，它是一个列表，每个元素是一个字典，字典是单词与注释的信息。

2. 单词查找

为了加快查找的速度，人们把单词按字典顺序从小到大排列，查找时采用二分法查找。

二分法查找是一种高效的查找方法，在 words 中查找单词 w，主要思想如下：

① 设置 i=0，j=len(words)-1，即 i、j 是第一与最后一个下标。

② 如果 i<=j 就计算 m=(i+j)//2，m 是中间一个下标，如果 i>j 程序结束。

③ 如果 words[m]["word"]==w["word"]，那么说明 words[m]就是要找的单词，m 就是这个单词在列表中的位置。

④ 如果 words[m]["word"]>w["word"]，说明 word[m]这个单词比要找的单词大，由于是从小到大排序的，因此设置 j=m-1，构造[i,m-1]范围回

到②继续查找。

⑤ 如果 words[m]["word"]<w["word"]，说明 word[m]这个单词比要找的单词小，由于是从小到大排序的，因此设置 i＝m+1，构造[m+1,j]范围回到②继续查找。

⑥ 如果全部查找完毕没有找到单词，那么这个单词是新的单词，它应该放在 words[i]的位置。

查找函数 seek 如下：

```python
def seek(word):
    i=0
    j=len(words)-1
    while i<=j:
        m=(i+j)//2
        if words[m]["word"] == word:
            print("% -16s : % s" % (word, words[m]["note"]))
            return
        elif words[m]["word"]>word:
            j=m-1
        else:
            i=m+1
    print(word + " ---查找失败")
```

3. 插入单词

这是根据二分法查找思想设计的插入函数，把新的单词插入到 words [i]的位置：

```python
def insert(w):
    global words
    i=0
    j=len(words)-1
    while i<=j:
        m=(i+j)//2
        if words[m]["word"] == w["word"]:
            print(w["word"]+" ---已经存在")
            return
        elif words[m]["word"]>w["word"]:
            j=m-1
```

```
        else:
            i=m+1
    words.insert(i,w)
    print(w["word"] + " ---增加成功")
```

在单词更新与删除中也采用二分法查找单词。

4.7.3　项目实践

```
words=[{"word":"about","note":"在附近,关于"},{"word":"post","note":"邮寄,投递"}]

def show():
    for w in words:
        print("% -16s : % s" % (w["word"],w["note"]))
    print()

def enter():
    w={}
    w["word"]=input("单词:")
    w["note"]=input("注释:")
    return w

def seek(word):
    i=0
    j=len(words)-1
    while i<=j:
        m=(i+j)//2
        if words[m]["word"] == word:
            print("% -16s : % s" % (word, words[m]["note"]))
            return
        elif words[m]["word"]>word:
            j=m-1
        else:
            i=m+1
    print(word + " --- 查找失败")

def insert(w):
    global words
```

```python
    i=0
    j=len(words)-1
    while i<=j:
        m=(i+j)//2
        if words[m]["word"] == w["word"]:
            print(w["word"]+" --- 已经存在")
            return
        elif words[m]["word"]>w["word"]:
            j=m-1
        else:
            i=m+1
    words.insert(i,w)
    print(w["word"] + " --- 增加成功")

def update(w):
    global words
    i=0
    j=len(words)-1
    while i<=j:
        m=(i+j)//2
        if words[m]["word"] == w["word"]:
            words[m]["note"]=w["note"]
            print(w["word"]+" --- 更新成功")
            return
        elif words[m]["word"]>w["word"]:
            j=m-1
        else:
            i=m+1
    print(w["word"] + " --- 查找失败")

def delete(word):
    global words
    i=0
    j=len(words)-1
    while i<=j:
        m=(i+j)//2
        if words[m]["word"] == word:
            del words[m]
```

```
        print(word+" --- 删除成功")
        return
    elif words[m]["word"]>word:
        j=m-1
    else:
        i=m+1
print(word + " --- 查找失败")

while True:
    print("1. 显示 2. 查找 3. 增加 4. 更新 5. 删除 6. 退出")
    s=input("请选择(1,2,3,4,5):")
    if s=="1":
        show()
    elif s == "2":
        word = input("单词:")
        seek(word)
    elif s=="3":
        w=enter()
        insert(w)
    elif s=="4":
        w=enter()
        update(w)
    elif s=="5":
        word=input("单词:")
        delete(word)
    elif s=="6":
        break
print("Finished")
```

主程序部分是一个无限循环，只有选择 6 后才退出并结束，选择 1、2、3、4、5 分别执行显示、查找、增加、更新、删除的操作。

练习 4

1. 能直接修改字符串的某个字符吗？例如 s="abc"，s[0] = "1"可以吗？
2. 输入一个字符串，输出它所包含的所有数字，例如输入"23me3e"，输出"233"。

3. 设计一个字符串函数 reverse(s)，它返回字符串 s 的反串，例如 reverse("abc")返回"cba"。

4. 元组与列表有什么不同？

5. 一个列表中的元素类型要求一致吗？例如 list=[1,"a"]是正确的吗？

6. 列表是否还可以嵌套别的列表？列举一个例子说明。

7. 用一个字典描述一个日期，包含年 year、月 month、日 day 的键字。

8. Python 的字典数据类型与 JSON 数据类有很多相似的地方，说明有哪些共同点。

9. 写出下列程序执行的结果：

```
d={"students":[{"name":"A","sex":"M"},{"name":"B","sex":"C"}]}
for k1 in d.keys():
    for k2 in d[k1]:
        for k3 in k2.keys():
            print(k3,k2[k3])
```

10. 如果使用字典描述一个时间，例如 t={"hour":12,"minute":23,"second":34}表示时间"12:23:34"，设计一个函数 interval(t1,t2)，计算时间 t1 与 t2 的时间差，返回相同结构的一个字典时间。

第5章

Python面向对象

本章重点内容:

- 类与对象。
- 类的方法。
- 对象初始化。
- 类的继承。
- 实践项目:学生信息管理。
- 练习5。

微课 5-1
类与对象

PPT 类与对象

5.1 类与对象

5.1.1 教学目标

虽然 Python 是解释性语言，但是它是面向对象的，能够进行对象编程。本节目标是掌握 Python 面向对象的规则，以个人信息为例，能够建立个人信息类与对象。

5.1.2 类与对象简介

在进行 Python 面向对象编程之前，先了解几个术语：类、类对象、实例对象、属性、函数和方法。类是对现实世界中一些事物的封装，定义一个类可以采用下面的方式来定义：

```
class className:
    block
```

注意类名后面有个冒号，block 要向右边缩进，在 block 块里面就可以定义属性和方法了。

例 5-1-1 定义一个 Person 类。

```
class Person:
    #定义了一个属性
    name ='james'
    #定义了一个方法
    def printName(self):
        print self.name
```

Person 类定义完成之后就产生了一个全局的类对象，可以通过类对象来访问类中的属性和方法了。类定义好后就可以进行实例化操作，通过：

```
p=Person()
```

这样就产生了一个 Person 的实例对象，实例对象是根据类的模板生成的一个内存实体，有确定的数据与内存地址。

5.1.3　类属性

例 **5-1-2**　类属性定义。

```
class Person:
    name = 'james'
    age = 12
```

定义了一个 Person 类，里面定义了 name 和 age 属性，默认值分别为
'james'和 12，其中的 name 与 age 就是类 Person 的属性，这种属性是定义在类
中的，也称为类属性，可以通过下面的两种方法来读取访问。

① 使用类的名称，如 Person. name，Person. age。

② 使用类的实例对象，如 p = Person( ) 是对象，那么为 p. name，p. age。

例 **5-1-3**　类属性访问。

```
class Person:
    name = 'james'
    age = 12
p = Person()
print(Person. name, Person. age)
print(p. name, p. age)
```

结果：

```
james 12
james 12
```

类属性是与类绑定的，它是被这个类所拥有的，如果要修改类的属性就
必须使用类名称访问它，而不能使用对象实例访问它。

例 **5-1-4**　类属性访问与实例属性建立。

```
class Person:
    name = 'james'
    age = 12
p = Person()
q = Person()
print(Person. name, Person. age)
print(p. name, p. age)
print(q. name, q. age)
```

```
Person.name="robert"
p.age=15
print(Person.name,Person.age)
print(p.name,p.age)
print(q.name,q.age)
```

结果：

```
james 12
james 12
james 12
robert 12
robert 15
robert 12
```

在程序中通过类的名称访问方法修改了 name 属性：

```
Person.name="robert"
```

后面的 p、q 对象实例访问到的 p.name、q.name 都是"robert"。但是可以通过类对象 p 修改 age 属性：

```
p.age=15
```

那么 Person.age，q.age 仍然是 12，还是原来的类属性 age 的值，只有 p.age 变成 15！原来在执行 p.age=15 时访问的不是类属性 age，而是为 p 对象产生了一个 age 属性，即 p.age 是一个只与 p 对象绑定的属性，而不是类对象 Person.age。q 没有这样新的 age 属性，q.age 还是类 Person 的 age 属性。

Python 的这个功能特性很像 JavaScript，实例有结合任何属性的功能，只要执行：

```
对象实例.属性=…
```

为这个对象实例赋值，那么如果该对象实例存在这个属性，这个属性的值就被改变，但是如果不存在该属性就会自动为该对象实例创建一个这样的属性。

5.1.4 访问的权限

前面 Person 中的 name 和 age 都是公有的，可以直接在类外通过对象名访问，如果想定义成私有的，则需在前面加 2 个下画线 "__"。

例 5-1-5　访问权限。

```
class Person:
    __name = 'james'
    __age = 12

    def show():
        print(Person.__name,Person.__age)

#print(Person.__name,Person.__age)
Person.show()
```

结果：

```
james 12
```

而语句：

```
print(Person.__name,Person.__age)
```

是错误的，提示找不到该属性，因为私有属性是不能够在类外通过对象名来进行访问的。在 Python 中没有像 C++中 public 和 private 这些关键字来区别公有属性和私有属性，它是以属性命名方式来区分，如果在属性名前面加了 2 个下画线 "__"，则表明该属性是私有属性，否则为公有属性（方法也是一样，方法名前面加了 2 个下画线表示该方法是私有的，否则为公有的）。

5.1.5　【案例】Person 类的属性

1. 案例描述

编写个人信息类并建立对象访问属性。

2. 案例分析

个人信息类 Person 定义如下：

```
class Person:
    name="XXX"
    gender="X"
    age=0
```

其中 name、gender、age 都是类属性，类属性一般使用类名称 Person 访问。

3. 案例代码

```
class Person:
    name="XXX"
    gender="X"
    age=0


p=Person()
print(p.name,p.gender,p.age)
print(Person.name,Person.gender,Person.age)
p.name="A"
p.gender="Male"
p.age=20
Person.name="B"
Person.gender="Female"
Person.age=21
print(p.name,p.gender,p.age)
print(Person.name,Person.gender,Person.age)
```

结果：

```
XXX X 0
XXX X 0
A Male 20
B Female 21
```

由此可见通过对象 a 与 Person 类名称都可以读取到类属性 name、gender、age，但是改写这些类属性是下列语句：

```
p.name="A"
p.gender="Male"
p.age=20
```

结果是为对象 p 生成了自己的 name、gender、age，属性，改写的不是类属性 name、gender、age，只有通过 Person 的下列语句：

```
Person.name="B"
Person.gender="Female"
Person.age=21
```

改写的才是 name、gender、age 类属性。

PPT 类的方法

PPT

5.2 类的方法

5.2.1 教学目标

类中除了有属性外还有函数方法，Python 的方法有实例方法、类方法、静态方法之分，本节目标是掌握这些方法的使用，学会编写个人信息类方法。

5.2.2 类的方法简介

1. 实例方法

实例方法就是通过实例对象调用的方法，在类中可以根据需要定义一些方法，定义方法采用 def 关键字，在类中定义的方法至少会有一个参数，一般以名为 self 的变量作为该参数（用其他名称也可以），而且需要作为第一个参数。

例 5-2-1 实例方法定义。

微课 5-2
实例方法

```
class Person:
    __name = 'james'
    __age = 12
    def getName(self):
        return self.__name
    def getAge(self):
        return self.__age

p = Person()
print (p.getName(),p.getAge())
```

结果：

```
james 12
```

如果对 self 不好理解的话，可以把它当做 C++ 中类里面的 this 指针一样理解，就是对象自身的意思，在用某个对象调用该方法时，就将该对象作为第一个参数传递给 self。因此 p.getName() 时把 p 传递给 self，执行 return p.__name 得到 name，在 p.getAge() 时把 p 传递给 self，执行 return p.__age 得到 age。

2. 类方法

在类中可以定义属于类的属性，也可以定义属于类的方法，这种方法要使用@ classmethod 来修饰，而且第一个参数一般命名为 cls（也可以是别的名称）。

例 5-2-2　类方法定义。

微课 5-3
类方法

```
class Person:
    __name = 'james'
    __age = 12

    @ classmethod
    def show(cls):
        print(cls.__name,cls.__age)

Person.show()
```

结果：

```
james 12
```

其中 show 就是一个类方法，类方法一般使用类的名称来调用，例如：

```
Person.show()
```

在调用时会把 Person 传递给 cls 参数，于是：

```
print(cls.__name,cls.__age)
```

相当于执行：

```
print(Person.__name,Person.__age)
```

3. 静态方法

静态函数通过@ staticmethod 修饰，要访问类的静态函数，可以采用类名称调用。在调用这类的函数时，不会向函数传递任何参数。

例 5-2-3　静态方法定义。

微课 5-4
静态方法

```
class Person:
    __name = 'james'
    __age = 12
```

```
@ staticmethod
def display():
    print(Person._name,Person._age)


@ classmethod
def show(cls):
    print(cls._name,cls._age)


Person.show()
Person.display()
```

结果：

```
james 12
james 12
```

其中 display 是静态方法，show 是类方法，它们都使用 Person 类名称调用，只是 Person. show( ) 会把 Person 传递给 def show(cls) 的参数 cls，但是 Person. display( ) 不传递任何参数。

@ classmethod 修饰的函数与 @ staticmethod 修饰的函数最大的区别是 @ classmethod 的函数被类名称或者类实例调用时会传递一个类的名称给它的第一个参数，但是@ staticmethod 的函数被类名称或者类实例调用时就不会传递任何参数给这个函数。

5.2.3　【案例】Person 类的方法

1. 案例描述

编写个人信息类的实例方法、类方法、静态方法。

2. 案例分析

个人信息类 Person 定义实例方法、静态方法、类方法，然后程序分析它们的调用。

3. 案例代码

```
class Person:
    name = "XXX"
    gender = "X"
```

```
        age=0
        def instanceShow(self):
            print(self.name,self.gender,self.age)
        @classmethod
        def classShow(cls):
            print(cls.name, cls.gender, cls.age)
        @staticmethod
        def staticShow():
            print(Person.name, Person.gender, Person.age)


p=Person()
p.instanceShow()
Person.classShow()
Person.staticShow()
```

结果：

```
XXX X 0
XXX X 0
XXX X 0
```

4. 实例方法调用

实例方法 instanceShow 一般使用对象实例调用，调用时要向实例方法传递实例参数，例如：

```
p.instanceShow()
```

另外也可以用 Person 类名称调用，只是要传递实例对象而已，例如下列的调用中 p 传递给函数的 self 参数：

```
Person.instanceShow(p)
```

5. 类方法调用

类方法 classShow 一般采用类的名称调用，调用时要向类方法传递类参数，例如：

```
Person.classShow()
```

另外也可以使用实例调用，这时 p 的类 Person 会传递给函数的参数 cls：

```
p.classShow()
```

6. 静态方法调用

静态方法一般采用类的名称调用，调用时不需要向静态方法传递任何参数，例如：

```
Person.staticShow()
```

另外也可以使用对象实例调用，因为是调用静态方法，因此没有参数传递给函数：

```
p.staticShow()
```

PPT　对象初始化

5.3　对象初始化

5.3.1　教学目标

在面向对象的程序设计中，对象实例化时往往要对实例做一些初始化工作，例如设置实例属性的初始值，而这些工作是自动完成的，因此有默认的方法被调用，这个默认的方法就是构造函数，与之匹配的是析构函数。本节目标就是掌握构造函数与析构函数的使用方法，为个人信息类进行初始化。

5.3.2　构造与析构方法

在 Python 中有一些内置的方法，这些方法命名都有比较特殊的地方（其方法名以 2 个下画线开始然后以 2 个下画线结束）。类中最常用的就是构造方法和析构方法。

构造方法 __ init __（self，....）在生成对象时调用，可以用来进行一些初始化操作，不需要显示去调用，系统会默认去执行。如果用户自己没有重新定义构造方法，系统就自动执行默认的构造方法。

析构方法 __ del __（self）在释放对象时调用，可以在里面进行一些释放资源的操作，不需要显示调用。

例 5-3-1　构造方法函数与析构方法函数。

```
class Person:
```

微课 5-5
构造与析构方法

```
    def __init__(self,n):
        print("__init__",self,n)
        self.name=n

    def __del__(self):
        print("__del__",self)

    def show(self):
        print(self,self.name)

p=Person("james")
p.show()
print(p)
```

结果：

```
__init__ <__main__.Person object at 0x00000015C4DA72E8> james
james <__main__.Person object at 0x00000015C4DA72E8>
<__main__.Person object at 0x00000015C4DA72E8>
__del__ <__main__.Person object at 0x00000015C4DA72E8>
```

在执行 p=Person() 语句时建立一个 Person 类对象实例 p，于是自动调用 __init__ 函数，并向该函数传递两个参数，一个是对象实例 p 传递给 self，另外是"james"传递给 n 参数，于是在 __init__ 中可以看到：

```
__init__ <__main__.Person object at 0x00000015C4DA72E8> james
```

其中看到 p 对象的内存地址是 0x00000015C4DA72E8。

接下来执行 p.show()，它是通过实例调用的，于是会把 p 实例传递给函数 show 的 self 参数，于是在 show 中可以看到：

```
<__main__.Person object at 0x00000015C4DA72E8> james
```

这个 self 地址与 p 是一样的，是同一个对象。在执行 print(p) 时也看到：

```
<__main__.Person object at 0x00000015C4DA72E8>
```

主程序中的 p 对象也是这个地址。

程序结束时自动销毁 p 对象，于是看到 __del__ 函数执行：

```
__del__ <__main__.Person object at 0x00000015C4DA72E8>
```

5.3.3 对象的初始化

构造函数 __init__ 是建立对象实例的自动调用函数，可以在这个函数中为实例对象初始化属性值。

例 5-3-2 对象初始化。

```
class Person:
    def __init__(self,n,g,a):
        self.name=n
        self.gender=g
        self.age=a


    def show(self):
        print(self.name,self.gender,self.age)


p=Person("james","male",21)
p.show()
```

结果：

```
james male 21
```

本程序在执行语句：

```
p=Person("james","male",21)
```

时就调用 __init__ 函数，并传递 4 个参数给它，通过：

```
self.name=n
self.gender=g
self.age=a
```

语句这个实例就生成了 name、gender、age 属性，而且值由参数 n、g、a 确定。注意这几个属性是实例对象自己的属性，不是类 Person 的类属性。

在 Python 中只允许有一个 __init__ 函数，通过对 __init__ 函数参数的默认值方法可以实现重载，例如：

```
p=Person("james")
```

是错误的，因为 __ init __ 需要 4 个参数，而这里只提供 2 个参数。但是修改 __ init __ 的定义，使得它带默认参数就可以。

例 5-3-3　设置 __ init __ 中有默认参数。

```
class Person:
    def __init__(self,n="",g="male",a=0):
        self.name=n
        self.gender=g
        self.age=a

    def show(self):
        print(self.name,self.gender,self.age)

a=Person("james")
b=Person("james","female")
c=Person("james","male",20)
a.show()
b.show()
c.show()
```

那么都是正确的，结果：

```
james male 0
james female 0
james male 20
```

5.3.4　理解实例方法

类的实例方法都至少带有一个参数，而且第一个参数通常命名为 self，在实例调用这个方法时会把实例自己传递给这个 self 参数。

例 5-3-4　实例方法的 self 参数。

```
class Person:
    def __init__(self,n="",g="male",a=0):
        self.name=n
        self.gender=g
```

```
        self.age=a

    def show(self):
        print(self)
        print(self.name,self.gender,self.age)

p=Person("james","male",20)
Person.show(p)
p.show()
```

结果：

```
<__main__.Person object at 0x000000C395A47710>
james male 20
<__main__.Person object at 0x000000C395A47710>
james male 20
```

其中 Person. show（p）的效果与 p. show（）是一样的，只是 Person. show（p）时直接把实例 p 传递给 self 参数，而 p. show（）调用时 p 默认自动传递给 show 的是 self，因此在 show 中都可以使用 self. name，self. gender，self. age 访问到 p 的属性。

5.3.5　【案例】我的日期类

1. 案例描述

编写一个日期类 MyDate，拥有年月日的数据。

2. 案例分析

定义 MyDate __ init __函数实现对象的初始化，在数据不合理时抛出异常。

3. 案例代码

```
class MyDate:
    __months=[0,31,28,31,30,31,30,31,31,30,31,30,31]
    def __init__(self,y,m,d):
        if y<0:
            raise Exception("无效年份")
        if m<1 or m>12:
            raise Exception("无效月份")
        if y%400==0 or y%4==0 and y%100!=0:
```

```
            MyDate.__months[2]=29
        else:
            MyDate.__months[2]=28
        if d<1 or d>MyDate.__months[m]:
            raise Exception("无效日期")
        self.year=y
        self.month=m
        self.day=d
    def show(self,end='\n'):
        print("% 04d-% 02d-% 02d"% (self.year,self.month,
self.day),end=end)


try:
    d=MyDate(2017,7,8)
    d.show()
except Exception as e:
    print(e)
```

结果：

```
2017-07-08
```

微课 5-6
类的继承

5.4 类的继承

5.4.1 教学目标

面向对象的一个很大特点是类可以被扩展和继承，例如要编写学生类 Student 包含 name、gender、age 和专业 major、系别 dept 等属性，就没有必要从头开始，只要从 Person 类派生出 Student，在派生的过程中增加 major、dept 属性即可。本节目标是掌握派生与继承的方法，从 Person 类派生出 Student 类。

PPT 类的继承

PPT

5.4.2 派生与继承

1. 派生与继承

定义一个学生类 Student，包含姓名 name、性别 gender、年龄 age，还包含所学专业 major、所在系别 dept，那么就不必重新定义 Student 类，只要从已经定义的 Person 类派生与继承过来即可。

例 5-4-1　派生于继承。

```python
class Person:
    def __init__(self,name,gender,age):
        self.name=name
        self.gender=gender
        self.age=age

    def show(self,end='\n'):
        print(self.name,self.gender,self.age,end=end)

class Student(Person):
    def __init__(self,name,gender,age,major,dept):
        Person.__init__(self,name,gender,age)
        self.major=major
        self.dept=dept

    def show(self):
        Person.show(self,'')
        print(self.major,self.dept)

s=Student("james","male",20,"software","computer")
s.show()
```

结果：

```
james male 20 software computer
```

首先定义一个 Person 类包含有 name、gender、age 属性，派生出 Student 类（或者称 Student 从 Person 继承），增加 major 与 dept 属性，这样 Student 就具有 name、gender、age、major、dept 全部属性了。Person 称为 Student 的基类，Student 称为 Person 的派生类，Person 派生出 Student，Student 继承自 Person。

2. 继承类构造函数

从 Student 类的定义可以看出派生类的构造函数除了要完成自己新增加的 major、dept 属性的初始化外，还要调用基类 Person 的构造函数，而且还要显

示调用，即:

```
Person.__init__(self,name,gender,age)
```

通过类名称 Person 直接调用 Person 的 __init__ 函数，并提供所要的 4 个参数。继承类是不会自动调用基类的构造函数的，必须显示调用。

3. 属性方法的继承

如果一个基类中有一个实例方法，在继承类中也可以重新定义完全一样的实例方法，例如 Person 有 show 方法，在 Student 中也有一样的 show 方法，它们是不会混淆的，称 Student 类的 show 重写了 Person 的 show。当然一个基类的实例方法也可以不被重写，派生类会继承这个基类的实例方法，派生类也可以增加自己的新实例方法。

例 5-4-2 属性方法继承。

```
class Person:
    def __init__(self,name,gender,age):
        self.name=name
        self.gender=gender
        self.age=age

    def show(self,end='\n'):
        print(self.name,self.gender,self.age,end=end)

    def display(self,end='\n'):
        print(self.name,self.gender,self.age,end=end)

class Student(Person):
    def __init__(self,name,gender,age,major,dept):
        Person.__init__(self,name,gender,age)
        self.major=major
        self.dept=dept

    def show(self):
        Person.show(self,'')
        print(self.major,self.dept)

    def setName(self,name):
```

```
        self.name = name

s = Student("james","male","20","software","computer")
s.show()
s.display()
s.setName("robert")
s.show()
s.display()
```

结果:

```
james male 20 software computer
james male 20
robert male 20 software computer
robert male 20
```

其中 Person 中的 display 方法没有被 Student 重写，但是被 Student 继承，因此可以使用 Student 的实例对象 s 调用:

```
s.diaplay()
```

而 setName 方法是派生类 Student 新增加的实例方法，不是 Person 原来的方法。

5.4.3 【案例】我的日期时间类 MyDateTime

1. 案例描述

此前已经编写过 MyDate 的日期类，在本案例中再增加时分秒的数据，派生出日期时间类 MyDateTime。

2. 案例分析

```
class MyDate:
    def __init__(self,y,m,d):
        ......


class MyDateTime(MyDate):
    def __init__(self,y,mo,d,h,mi,s):
        ......
```

拓展案例

3. 案例代码

```python
class MyDate:
    __months=[0,31,28,31,30,31,30,31,31,30,31,30,31]
    def __init__(self,y,m,d):
        if y<0:
            raise Exception("无效年份")
        if m<1 or m>12:
            raise Exception("无效月份")
        if y%400==0 or y%4==0 and y%100!=0:
            MyDate.__months[2]=29
        else:
            MyDate.__months[2]=28
        if d<1 or d>MyDate.__months[m]:
            raise Exception("无效日期")
        self.year=y
        self.month=m
        self.day=d
    def show(self,end='\n'):
        print("%04d-%02d-%02d"%(self.year,self.month,self.day),
end=end)


class MyDateTime(MyDate):
    def __init__(self,y,mo,d,h,mi,s):
        MyDate.__init__(self,y,mo,d)
        if h<0 or h>23 or mi<0 or mi>59 or s<0 or s>59:
            raise Exception("无效时间")
        self.hour=h
        self.minute=mi
        self.second=s

    def show(self):
        MyDate.show(self,end=" ")
        print("%02d:%02d:%02d"%(self.hour,self.minute,self.
second))


try:
    d=MyDateTime(2017,7,8,23,12,34)
```

```
    d.show()
except Exception as e:
    print(e)
```

结果：

```
2017-07-08 23:12:34
```

5.5　实践项目：学生信息管理

5.5.1　项目目标

本项目是通过面向对象的方法设计学生类 Student，包含一个学生姓名（Name）、性别（Gender）、年龄（Age），然后设计学生记录管理类 StudentList 来管理一组学生记录。

程序运行后显示">"的提示符号，在">"后面可以输入 show、insert、update、delete 等命令实现记录的显示、插入、修改、删除等功能，执行一个命令后继续显示">"提示符号，如果输入 exit 就退出系统，输入的命令不正确时会提示正确的输入命令，操作过程如下：

微课 5-7
学生信息管理

```
>show
No              Name           Gender    Age
>insert
No=1
Name=AA
Gender=男
Age=23
增加成功
>show
No              Name           Gender    Age
1               AA             男        23
>update
No=1
Name=BB
Gender=女
```

```
Age=21
修改成功
>show
No              Name            Gender  Age
1               BB              女      21
>
```

5.5.2　项目实践

```python
class Student:
    def __init__(self,No,Name,Gender,Age):
        self.No=No
        self.Name=Name
        self.Gender=Gender
        self.Age=Age

    def show(self):
        print("% -16s % -16s % -8s % -4d" % (self.No,self.Name,
self.Gender,self.Age))

class StudentList:
    def __init__(self):
        self.students=[]

    def show(self):
        print("% -16s % -16s % -8s % -4s" % ("No","Name","Gender",
"Age"))
        for s in self.students:
            s.show()

    def __insert(self,s):
        i=0
        while (i<len(self.students) and s.No>self.students[i].No):
            i=i+1
        if (i<len(self.students) and s.No==self.students[i].No):
            print(s.No+"已经存在")
            return False
```

```
            self.students.insert(i,s)
        print("增加成功")
        return True


    def __update(self,s):
        flag=False
        for i in range(len(self.students)):
            if (s.No==self.students[i].No):
                self.students[i].Name=s.Name
                self.students[i].Gender = s.Gender
                self.students[i].Age = s.Age
                print("修改成功")
                flag=True
                break
        if(not flag):
            print("没有这个学生")
        return flag


    def __delete(self,No):
        flag=False
        for i in range(len(self.students)):
            if (self.students[i].No == No):
                del self.students[i]
                print("删除成功")
                flag=True
                break
        if (not flag):
            print("没有这个学生")
        return flag


    def delete(self):
        No=input("No=")
        if(No! =""):
            self.__delete(No)


    def insert(self):
```

```
    No=input("No=")
    Name=input("Name=")
    while True:
        Gender=input("Gender=")
        if(Gender=="男" or Gender=="女"):
            break
        else:
            print("Gender is not valid")
    Age=input("Age=")
    if(Age==""):
        Age=0
    else:
        Age=int(Age)
    if No! ="" and Name! ="":
        self.__insert(Student(No,Name,Gender,Age))
    else:
        print("学号、姓名不能为空")

def update(self):
    No=input("No=")
    Name=input("Name=")
    while True:
        Gender=input("Gender=")
        if(Gender=="男" or Gender=="女"):
            break
        else:
            print("Gender is not valid")
    Age=input("Age=")
    if(Age==""):
        Age=0
    else:
        Age=int(Age)
    if No! ="" and Name! ="":
        self.__update(Student(No,Name,Gender,Age))
    else:
        print("学号、姓名不能为空")
```

```
    def process(self):
        while True:
            s = input(">")
            if (s == "show"):
                self.show()
            elif (s == "insert"):
                self.insert()
            elif (s == "update"):
                self.update()
            elif (s == "delete"):
                self.delete()
            elif (s == "exit"):
                break
            else:
                print("show:   show students")
                print("insert: insert a new student")
                print("update: insert a new student")
                print("delete: delete a student")
                print("exit:   exit")

st=StudentList()
st.process()
```

　　本程序中先设计学生类 Student，然后设计学生记录管理类 StudentList，在该类中有一个 students=[] 是一个列表，列表的每个元素是一个 Student 对象，这样就记录了一组学生。

　　增加记录的函数是 insert 与 __ insert，其中 insert 完成学生信息的输入，__ insert 完成学生的真正插入，插入时通过扫描学生学号 No 确定插入新学生的位置，保证插入的学生是按学号从小到大排列的。

　　更新记录的函数是 update 与 __ update，其中 update 完成学生信息的输入，__ update 完成学生记录的真正更新，更新时通过扫描学生学号 No 确定学生的位置，学号不能更新。

　　删除记录的函数是 delete 与 __ delete，其中 delete 完成学生学号的删除，__ delete 完成学生的记录的真正删除。

　　process 函数启动一个无限循环，不断显示命令提示符">"，等待输入命令，能接受的命令是 show、insert、update、delete、exit，其他输入无效。

值得注意的是该程序不具备存储学生记录的功能，退出程序后学生记录就消失了，在后面的章节中将介绍如何通过文件或者数据库存储数据。

练习 5

1. 定义一个数学中的复数类 Complex，它有一个构造函数与一个显示函数，建立一个 Complex 对象并调用该显示函数显示。

2. 定义一个计算机类 MyComputer，它包含 CPU 类型（String 类型）、RAM 内存大小（Integer 类型）、HD 硬盘大小（Integer 类型），设计它的构造函数，并设计一个显示函数，建立一个 MyComputer 对象并调用该显示函数显示。

3. 设计一个整数类 MyInteger，它有一个整数变量，并有一个 Value 属性，可以通过为 Value 存取该变量的值，还有一个转二进制字符串的成员函数 toBin 及转十六进制字符串的成员函数 toHex。

4. 建立一个普通人员类 Person，包含姓名（m_name）、性别（m_gender）、年龄（m_age）成员变量。

（1）建立 Person 类，包含 Private 成员 m_name、m_sex、m_age 成员变量。

（2）建立 Person 的构造函数。

（3）建立一个显示过程 Show()，显示该对象的数据。

（4）派生一个学生类 Student，增加班级（m_class），专业（m_major），设计这些类的构造函数。

（5）建立 m_class、m_major 对应的属性函数 sClass()、sMajor()。

（6）建立显示成员函数 Show()，显示该学生对象所有成员数据。

5. 建立一个时间类 Time，它包含时 hour、分 minute、秒 second 的实例属性。

（1）设计时间显示函数 show(self)。

（2）设计两个时间大小比较函数 compare(self, t)，其中 t 是另外一个时间。

第6章

Python文件操作

本章重点内容：

- 写文本文件。
- 读文本文件。
- 文件编码。
- 文件指针。
- 二进制文件。
- 实践项目：教材记录管理。
- 练习6。

PPT 写文本文件

PPT

6.1 写文本文件

6.1.1 教学目标

文件是用来存储程序或者数据的，文本文件可以存储文本数据。本节目标是要掌握文本文件的基本操作，能把数据写入文件并读出来。

6.1.2 文件概述

所谓"文件"是指一组相关数据的有序集合，该数据集有一个名称，叫做文件名。实际上在前面的各章中已经多次使用了文件，如源程序文件、目标文件、可执行文件、库文件（头文件）等。文件通常是驻留在外部介质（如磁盘等）上的，在使用时才调入内存中来。从文件编码的方式来看，文件可分为 ASCII 文件和二进制文件两种。

ASCII 文件也称为文本文件，这种文件在磁盘中存放时每个字符对应一个字符，用于存放对应的 ASCII 码。例如字符串 "1234" 的存储形式在磁盘上是 31H、32H、33H、34H 等 4 个字符，即 '1'、'2'、'3'、'4' 的 ASCII 码，在 Windows 的记事本程序中输入 1234 后存盘为一个文件，就可以看到该文件在磁盘中占 4 个字符，打开此文件后可以看到 "1234" 的字符串。ASCII 文件可在屏幕上按字符显示，因为各个字符对应其 ASCII，每个 ASCII 二进制数都被解释成为一个可见字符。ASCII 文件很多，例如源程序文件就是 ASCII 文件，用 DOS 命令 TYPE 可显示文件的内容。由于是按字符显示，因此能读懂 ASCII 文件内容。

文件在进行读写操作之前要先打开，使用完毕要关闭。所谓打开文件，实际上是建立文件的各种有关信息，并使文件指针指向该文件，以便进行其他操作。关闭文件则断开指针与文件之间的联系，也就禁止再对该文件进行操作，同时释放文件占用的资源。

6.1.3 文件的打开与关闭

1. 打开文本文件

文件用 fopen 函数用来打开，其调用的一般形式为：

```
文件对象=open(文件名,使用文件方式)
```

其中，"文件对象"是一个 Python 对象，open 函数是打开文件的函数，"文件名"是被打开文件的文件名字符串。

"使用文件方式"是指文件的类型和操作要求，具体见表 6-1-1。

表 6-1-1 使用文件方式

使用文件方式	意　义
rt	只读打开一个文本文件，只允许读数据。如文件存在，则打开后可以顺序读；如文件不存在，则打开失败
wt	只写打开或建立一个文本文件，只允许写数据。如文件不存在，则建立一个空文件；如文件已经存在，则把原文件内容清空
at	追加打开一个文本文件，并在文件末尾写数据。如文件不存在，则建立一个空文件；如文件已经存在，则把原文件打开，并保持原内容不变，文件位置指针指向末尾，新写入的数据追加在文件末尾

2. 关闭文本文件

打开文件操作完毕后要关闭文件释放文件资源，关闭文件操作是：

```
文件对象.close()
```

其中"文件对象"是用 open 函数打开后返回的对象。

3. 文件操作的异常

文件操作一般要处理异常，打开一个文件来读时文件不存在，显然会出现错误，例如：

```
f=open("c:\\xyz.txt","rt")
s=f.read()
f.close()
```

如果 c:\xyz.txt 文件不存在，那么就出现异常。文件操作属于 I/O 操作，I/O 操作中可能因为 I/O 设备的原因有时操作不正确，因此 I/O 操作一般建议使用 try 语句捕获有可能发生的错误。程序改为：

```
try:
    f=open("c:\\xyz.txt","rt")
    s=f.read()
    f.close()
except:
    print("文件打开失败")
```

微课 6-1
写文本文件

6.1.4　写文本文件操作

write 函数的功能是把一个字符写入指定的文件中，函数调用的形式为：

```
文件对象.write(s)
```

其中 s 是待写入的字符串。对于 write 函数的使用也要说明以下两点。

① 被写入的文件可以采用写、追加方式打开，用写方式打开一个已存在的文件时将清除原有的文件内容，写入字符从文件首开始。如需保留原有文件内容，希望写入的字符从文件末开始存放，必须以追加方式打开文件。

② 每写入一个字符串，文件内部位置指针向后移动到末尾，指向下一个待写入的位置。

例 6-1-1　把一个字符串存放在文件中。

```
try:
    fobj=open("c:\\abc.txt","wt")
    fobj.write("abcxyz")
    fobj.close()
except Exception as err:
    print(err)
```

那么 abc.txt 文件的内容是：abcxyz

例 6-1-2　打开 abc.txt 文件追加写入另外一个字符串。

```
try:
    fobj=open("c:\\abc.txt","at")
    fobj.write("\nmore")
    fobj.close()
except Exception as err:
    print(err)
```

如果原来 abc.txt 内容是"abcxyz"，那么现在变成两行：

```
abcxyz
more
```

其中在写时"\n"是换行符号，即换一行继续写"more"，因此文件结果分成两行显示。

6.1.5　【案例】学生信息存储到文件

1. 案例描述

输入若干个学生的姓名 Name、性别 Gender、年龄 Age，把它存储到文件 students.txt 中，每个数据项占一行。

2. 案例分析

如果 fobj 是文件对象，那么学生的姓名 Name、性别 Gender、年龄 Age 存储语句如下：

```
fobj.write(Name+"\n")
fobj.write(Gender+"\n")
fobj.write(str(Age)+"\n")
```

或者：

```
fobj.write(Name+"\n"+Gender+"\n"+str(Age)+"\n")
```

即输出 Name、Gender、Age 后都换行。

3. 案例代码

```
def getStudent(i):
    print("输入第", i, "个学生信息")
    try:
        Name = input("姓名:")
        if Name.strip() == "":
            raise Exception("无效的姓名")
        Gender = input("性别:")
        if Gender != "男" and Gender != "女":
            raise Exception("无效的性别")
        Age = input("年龄:")
        Age = float(Age)
        if Age < 18 or Age > 30:
            raise Exception("无效的年龄")
        s = {}
        s["Name"] = Name
        s["Gender"] = Gender
        s["Age"] = Age
        return s
```

```
        except Exception as err:
            print(err)
            return None


i = 1
try:
    fobj = open("students.txt", "wt")
    while True:
        s = getStudent(i)
        if s:
            fobj.write(s["Name"] + "\n" + s["Gender"] + "\n" + str(s["Age"]) + "\n")
            i = i + 1
        s = input("继续输入吗(Y/N)")
        if s! = "Y" and s! = "y":
            break
    fobj.close()
except Exception as err:
    print(err)
```

程序运行后从键盘输入若干学生的信息，全部保存到 students.txt 中，如文件如下：

```
张三
男
20
李四
女
21
```

6.2　读文本文件

6.2.1　教学目标

存储在文本文件中的数据在需要时要读出。本节目标是掌握读出在前一节中存储在 students.txt 中的所有学生数据的操作。

6.2.2　读文本文件操作

PPT　读文本文件

PPT

1. 读字符函数 read

read 函数的功能是从指定的文件中读字符，函数调用的形式为：

```
文件对象.read()
文件对象.read(n)
```

对于 read 函数的使用有以下几点说明。

① 在 read 函数调用中，读取的文件必须是已经以读方式打开的。

② 在文件内部有一个位置指针，用来指向文件当前读的字符，在文件打开时，该位置指针总是指向文件的第一个字符。使用 read 函数后，该位置指针将向后移动一个字符，每读一个字符，该位置指针就向后移动一个字符，因此可连续多次使用 read 函数读取多个字符。

③ 如果不指定要读取的字符数 n，使用 read( ) 读，则读到整个文件的内容；如果使用 read(n) 指定要读取的字符数，那么就按要求读取 n 个字符；如果要读 n 个字符，而文件没有那么多字符，那么就读取文件所有内容。

④ 如果文件指针已经到了文件的尾部，再读就返回一个空串。

在读取模式下，当遇到 \n，\r 或 \r\n 都可以作为换行标识，并且统一转换为 \n，作为文本输入的换行符。

例 6-2-1　保存文件 c：\ abc.txt，打开文件读取全部内容，把其内容显示在屏幕上。

```python
def writeFile():
    fobj=open("c:\\abc.txt","wt")
    fobj.write("abc\nxyz")
    fobj.close()


def readFile():
    fobj=open("c:\\abc.txt","rt")
    s=fobj.read()
    print(s)
    fobj.close()


try:
    writeFile()
```

微课 6-2
read 读文本文件

```
    readFile()
except Exception as err:
    print(err)
```

注意程序中没有在 readFile( ) 与 writeFile( ) 中捕获异常，而是在主程序中统一捕获这两个函数中可能存在的异常。

执行结果：

```
abc
xyz
```

例 6-2-2　保存文件 c : \abc. txt，打开文件读取部分内容，把其内容显示在屏幕上。

```
def writeFile():
    fobj=open("c:\\abc.txt","wt")
    fobj.write("abc\nxyz")
    fobj.close()

def readFile(n):
    fobj=open("c:\\abc.txt","rt")
    s=fobj.read(n)
    print(s)
    fobj.close()

try:
    writeFile()
    n=3
    print(n)
    readFile(n)
except Exception as err:
    print(err)
```

执行程序，如图 6-2-1 所示是不同的 n 值读出的结果。

注意 n=4 读 4 个字符时 abc 后面有一个换行符 '\n'，只是看不见，但的确存在，因此读出的是"abc\n"，字符串长度为 4。n=5 时读出为"abc\nx"。n=20 时要求读 20 个字符，但是文件只有 7 个字符，因此只读出全部的" abc \nxyz"。

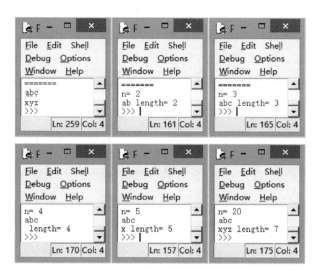

图 6-2-1

例 6-2-3 保存文件 c:\abc.txt，打开文件一次读一个字符，读取全部。

如果文件指针已经到了文件的尾部，再读就返回一个空串，因此：

```
def writeFile():
    fobj=open("c:\\abc.txt","wt")
    fobj.write("abc\nxyz")
    fobj.close()


def readFile():
    fobj=open("c:\\abc.txt","rt")
    goon=1
    st=""
    while goon==1:
        s=fobj.read(1)
        if s!="":
            st=st+s
        else:
            goon=0
    fobj.close()
    print(st)


try:
    writeFile()
```

```
    readFile()
except Exception as err:
    print(err)
```

结果：

```
abc
xyz
```

微课 6-3
readline 读文本文件

2. 读取一行的函数 readline

如果要从文件中读取一行，函数调用的形式为：

```
文件对象.readline()
```

规则：

① 它返回一行字符串。readline( )的规则是在文件中连续读取字符组成的字符串，一直读到'\n'字符或者读到文件尾部为止。

② 注意如果读到'\n'，那么返回的字符串包含'\n'。

③ 如果到了文件尾部，再次读就读到一个空字符串。

例 6-2-4　写入 abc 与 xyz 两行，读出显示。

```
def writeFile():
    fobj=open("c:\\abc.txt","wt")
    fobj.write("abc\nxyz")
    fobj.close()


def readFile():
    fobj=open("c:\\abc.txt","rt")
    s=fobj.readline()
    print(s,"length=",len(s))
    s=fobj.readline()
    print(s,"length=",len(s))
    s=fobj.readline()
    print(s,"length=",len(s))
    fobj.close()


try:
    writeFile()
```

```
    readFile()
except Exception as err:
    print(err)
```

结果：

```
abc
    length= 4
xyz length= 3
    length= 0
```

第 1 次读取一行为"abc\n"，第 2 次读到"xyz"，之后就到了文件尾部，再次读就读到一个空字符串。

例 6-2-5　保存文件 c:\abc.txt，打开文件一次读一行字符，读取全部。

利用文件指针到了文件尾部，再次读就读到一个空字符串的特性，可以设计下列函数一次读取一行，直到把全部读出为止：

```
def writeFile():
    fobj=open("c:\\abc.txt","wt")
    fobj.write("abc\nxyz")
    fobj.close()

def readFile():
    fobj=open("c:\\abc.txt","rt")
    goon=1
    st=""
    while goon==1:
        s=fobj.readline()
        if s!="":
            st=st+s
        else:
            goon=0
    fobj.close()
    print(st)

try:
    writeFile()
```

```
    readFile()
except Exception as err:
    print(err)
```

结果：

```
abc
xyz
```

3. 读取所有行的函数 readlines

如果要从文件中读取所有行，函数调用的形式为：

```
文件对象.readlines()
```

规则：

① 它返回所有的行字符串，每行是用" \n"分开的，而且一行的结尾如果是" \n"则包含" \n"。

② 一般再次使用 for 循环从 readlines( )中提取每一行。

例 6-2-6　读取文本文件。

```
def writeFile():
    fobj = open("c:\\abc.txt", "wt")
    fobj.write("abc\n 我们 \nxyz")
    fobj.close()


def readFile():
    fobj = open("c:\\abc.txt", "rt")
    for x in fobj.readlines():
        print(x,end=")
    fobj.close()


try:
    writeFile()
    readFile()
except Exception as err:
    print(err)
```

结果：

```
abc
我们
xyz
```

6.2.3　【案例】从文件读出学生信息

1. 案例描述

读出前一节中保存在 students. txt 中的全部学生记录。

2. 案例分析

读出 students. txt 文件学生信息的关键代码如下：

```
f=open("student.txt","rt")
while True:
    name=f.readline().strip("\n")
    if name=="":
        break
    gender= f.readline().strip("\n")
    age=float(f.readline().strip("\n"))
```

每次读取一行后使用 strip("\n") 函数把这一行的"\n"去掉，因为 read-line() 函数读出的行是包含"\n"的。

3. 案例代码

```
class Student:
    def __init__(self,name,gender,age):
        self.name=name
        self.gender=gender
        self.age=age
    def show(self):
        print(self.name,self.gender,self.age)


students=[]
try:
    f=open("student.txt","rt")
    while True:
        name=f.readline().strip("\n")
```

```
        if name == "":
            break
        gender = f.readline().strip("\n")
        age = float(f.readline().strip("\n"))
        students.append(Student(name,gender,age))
    f.close()
    for s in students:
        s.show()
except Exception as err:
    print(err)
```

结果：

```
张三 男 20.0
李四 女 21.0
```

程序中：

```
f.readline().strip("\n")
```

函数是读一行，但是不包含" \n"符号在内，因为 readline( )函数读的结果是包含" \n"的，通过 strip(" \n")把" \n"去掉。

6.3 文件编码

6.3.1 教学目标

文件的本质是二进制文件，因此文本文件存储时实际上是通过某种编码转为二进制数据存储的，相同的文本采用不同的编码得到的二进制数据是不同的，这对于汉字的文本十分重要。本节目标是深刻理解编码的本质，正确读写文本文件。

6.3.2 文件编码操作

PPT 文件编码

在中文 Windows 系统中如果不指定文本文件的编码，那么它采用系统默认的 GBK 编码，即一个英文字符是 ASCII 码，一个汉字是两个字节的内码。

例 6-3-1　　GBK 编码。

微课 6-4
文件编码

```
fobj=open("c:\\abc.txt","wt")
fobj.write("abc 我们")
fobj.close()
```

执行后 abc.txt 文件是 7 个字节, 分别是:

```
0x61 0x62 0x63 0xce 0xd2 0xc3 0xc7
```

其中前 3 个是 abc 字符, 0xce、0xd2 这 2 个字节是汉字"我"的内码, 0xc3、0xc7 这 2 个字节是汉字"们"的内码。

例 6-3-2　　UTF-8 编码。

如果不使用默认的编码, 可以在 open 函数中用 encoding 参数指定编码。

```
fobj=open("c:\\abc.txt","wt",encoding="utf-8")
fobj.write("abc 我们")
fobj.close()
```

执行后 abc.txt 文件是 9 个字节, 分别是:

```
0x61 0x62 0x63 0xe6 0x88 0x91 0xe4 0xbb 0xac
```

其中前 3 个是 abc 字符, 0xe6、0x88、0x91 这 3 个字节是汉字"我"的 UTF-8 编码, 0xe4、0xbb、0xac 这 3 个字节是汉字"们"的 UTF-8 编码。

文件如果是用 GBK 编码存储的, 就一定使用 GBK 编码打开读取, 不能使用 UTF-8 编码打开读取, 反之亦然。

6.3.3 　【案例】UTF-8 文件编码

1. 案例描述

用 UTF-8 编码存储文本文件, 再用相同编码读取文件。

2. 案例分析

要文件按指定的 UTF-8 编码存储, 必须在创建文件时指定 encoding:

```
fobj = open("c:\\abc.txt", "wt",encoding="utf-8")
```

要文件按指定的 UTF-8 编码读取, 必须在打开文件时指定 encoding:

```
fobj = open("c:\\abc.txt", "rt",encoding="utf-8")
```

3. 案例代码

```python
def writeFile():
    fobj = open("c:\\abc.txt", "wt",encoding="utf-8")
    fobj.write("abc 我们")
    fobj.close()

def readFile():
    fobj = open("c:\\abc.txt", "rt")
    rows=fobj.readlines()
    for row in rows:
        print(row)

try:
    writeFile()
    readFile()
except Exception as err:
    print(err)
```

执行结果：

```
abc 鎴戜滑
```

由此可见编码不匹配会出现乱码，如果把 readFile 函数改成：

```python
def readFile():
    fobj = open("c:\\abc.txt", "rt",encoding="utf-8")
    rows=fobj.readlines()
    for row in rows:
        print(row)
```

微课 6-5
文件指针

PPT 文件指针

那么可以正确读出文件内容。

6.4 文件指针

6.4.1 教学目标

　　文件被打开后既可以执行写操作也可以进行读操作。从什么地方开始读写是可以控制的，这要求文件以读写的方式打开，同时使用一个文件指针指向文件字节流的位置，调整指针的位置就可以进行任意位置的读写了。本节目标就是掌握文件的这种随意的读写方法。

6.4.2　文件指针简介

在程序看来，文件就是由一连串的字节组成的字节流，文件的每个字节都有一个位置编号，一个有 n 个字节的文件字节编号依次为 0、1、2、…、n−1 号，在第 n 字节的后面有一个文件结束标志 EOF（End Of File），如图 6-4-1 所示为文件的模型，其中标明了文件字节值，文件位置编号以及文件指针的关系，该文件有 6 个字节，它们是 0x41、0x42、0x43、0x41、0x42、0x61，指针目前指向第 2 字节，EOF 是文件尾。

字节值	41	42	43	41	42	61	EOF
位置	1	2	3	4	5	6	7
指针		↑					

图 6-4-1

文件的操作就是打开这样一个文件流，对各个字节进行读写操作，操作完后关闭这个流，保存到磁盘。文件操作有下列 3 个基本步骤：

① 打开文件：就是从磁盘中读取文件到内存中，获取一个文件字节流。

② 读写文件：就是修改或增长文件的这个字节流。

③ 关闭文件：就是把内存中的字节流写到磁盘中，以文件的形式保存。

文件是一个字节流，读写哪个字节必须要指定这个字节的位置，这是由文件指针来决定的。如字节流有 n 个字节，p 是指针的位置（0<=p<=n−1），那么读写的规则如下：

① 0<=p<=n−1 时，指针指向一个文件字节，可以读出该字节，读完后指针会自动指向下一个字节，即 p 会自动加 1；若 p 指向 EOF 的位置，则不能读出任何文件字节，EOF 通常是循环读文件的循环结束条件。

② 0<=p<=n−1 时，指针指向一个文件字节，可以写入一个新的字节，新的字节将覆盖旧的字节，之后指针会自动指向下一个字节，既 p 会自动加 1；若 p 指向 EOF 的位置，则新写入的字节会变成第 n+1 个字节，EOF 向后移动一个位置。在字节流的末尾写入会加长文件字节流。

6.4.3　指针操作

Python 使用 tell 函数获取当前文件指针的位置，方法是：

文件对象.tell()

它返回一个整数。

例 6-4-1　文件指针。

```
fobj = open("c:\\abc.txt", "wt")
print(fobj.tell())
fobj.write("abc")
print(fobj.tell())
fobj.write("我们")
print(fobj.tell())
fobj.close()
```

程序结果：

```
0
3
7
abc 我们
```

由此可见程序打开时文件指针指向 0 的开始位置，写"abc"后指针位置变成 3，写"我们"后指针位置变成 7（因为又写了 4 个字节）。

Python 中使用 feek 函数来移动文件指针，方法是：

文件对象.seek(offset[,whence])

offset：开始的偏移量，也就是代表需要移动偏移的字节数。

whence：可选，默认值为 0。给 offset 参数一个定义，表示要从哪个位置开始偏移；0 代表从文件开头开始算起，1 代表从当前位置开始算起，2 代表从文件末尾算起。

在前面讲的文本文件打开方式中不能移动文件指针，如果在打开方式后面附加" +"号，那么这样的文件就是可以移动文件指针的，打开模式见表 6-4-1。

表 6-4-1　文件打开方式及意义

文件打开方式	意　义
rt+	读写方式打开一个文本文件，允许读也允许写数据。如文件存在，则打开后文件指针在开始位置；如文件不存在，则打开失败

续表

文件打开方式	意　义
wt+	读写方式打开一个文本文件，允许读也允许写数据。如文件不存在，则就创建该文件；如文件存在，则打开后清空文件内容，文件指针指向 0 的开始位置
at+	读写方式打开一个文本文件，允许读也允许写数据。如文件不存在，则就创建该文件；如文件存在，则打开后不清空文件内容，文件指针指向文件的末尾位置

例 6-4-2　读写文件。

```python
def writeFile():
    fobj = open("c:\\abc.txt", "wt+")
    print(fobj.tell())
    fobj.write("123")
    print(fobj.tell())
    fobj.seek(2,0)
    print(fobj.tell())
    fobj.write("abc")
    print(fobj.tell())
    fobj.close()

def readFile():
    fobj = open("c:\\abc.txt", "rt+")
    rows=fobj.read()
    print(rows)
    fobj.close()

try:
    writeFile()
    readFile()
except Exception as err:
    print(err)
```

结果：

```
0
3
2
5
12abc
```

程序先用"wt+"打开文件，文件指针在 0 的位置，写"123"后文件指针在 3 的位置，fobj. seek(2，0) 后文件指针在 2 的位置，写"abc"时从位置 2 开始写，因此"a"会覆盖原来的"3"，写完后结果为"12abc"，文件指针在 5 的位置，文件结束，其操作过程见表 6-4-2。

表 6-4-2　操 作 过 程

操　作	数据与指针					
fobj. write("123")	1	2	3			
			↑			
fobj. seek(2,0)	1	2	3			
			↑			
fobj. write("abc")	1	2	a	b	c	
						↑

6.4.4　【案例】调整文件指针读写文件

1. 案例描述
使用文件指针随意读写文件。

2. 案例分析
文件如果按"wt+"或者"rt+"的模式打开，那么文件指针可以随意调整，可以随意对文件进行读写。

3. 案例代码

```
def writeFile():
    fobj = open("c:\\abc.txt", "wt+")
    print(fobj.tell())
    fobj.write("123")
    print(fobj.tell())
    fobj.seek(2,0)
    print(fobj.tell())
    fobj.write("abc")
    print(fobj.tell())
    fobj.close()

def readFile():
    fobj = open("c:\\abc.txt", "rt+")
```

```
        fobj.write("我们")
        fobj.seek(0,0)
        rows=fobj.read()
        print(rows)
        fobj.close()

try:
    writeFile()
    readFile()
except Exception as err:
    print(err)
```

程序结果：

```
0
3
2
5
我们 c
```

程序在 writeFile 中写入"12abc"后，在 readFile 再次写成"我们"，覆盖 "123a"的 4 个字节，因此结果为"我们 c"，这就是文件 abc.txt 的最后结果，这个过程见表 6-4-3。

表 6-4-3　操 作 结 果

操　　作	数据与指针					
fobj.write("123")	1	2	3			
			↑			
fobj.seek(2,0)	1	2	3			
		↑				
fobj.write("abc")	1	2	a	b	c	
						↑
open("c:\\abc.txt","rt+")	1	2	a	b	c	
	↑					
fobj.write("我们")	我		们		c	
					↑	

6.5 二进制文件

6.5.1 教学目标

文件的本质是二进制字节数据，即所有的文件都是二进制文件，文本文件只是在读写时做了编码转换。本节目标是掌握二进制数据的读写操作。

6.5.2 二进制文件简介

实际上所有文件都是二进制文件，因为文件的存储就是一串二进制数据。文本文件也是二进制文件，只不过存储的二进制数据能通过一定的编码转为人们认识的字符。

二进制文件在打开方式中使用"b"来表示，见表 6-5-1。

表 6-5-1 文件打开方式

文件打开方式	意 义
rb	只读打开一个二进制文件，只允许读数据。如文件存在，则打开后可以顺序读；如文件不存在，则打开失败
wb	只写打开或建立一个二进制文件，只允许写数据。如文件不存在，则建立一个空文件；如文件已经存在，则把原文件内容清空
ab	追加打开一个文本文件，并在文件末尾写数据。如文件不存在，则建立一个空文件；如文件已经存在，则把原文件打开，并保持原内容不变，文件位置指针指向末尾，新写入的数据追加在文件末尾
rb+	读写方式打开一个二进制文件，允许读也允许写数据。如文件存在，则打开后文件指针在开始位置；如文件不存在，则打开失败
wb+	读写方式打开一个二进制文件，允许读也允许写数据。如文件不存在，则就创建该文件；如文件存在，则打开后清空文件内容，文件指针指向 0 的开始位置
ab+	读写方式打开一个二进制文件，允许读也允许写数据。如文件不存在，则就创建该文件；如文件存在，则打开后不清空文件内容，文件指针指向文件的末尾位置

二进制文件认为数据都是字节流，因此二进制文件不存在编码的问题，只有文本文件才有编码问题。因为二进制文件是字节流，所以也不存在 readline、readlines 读一行或者多行的操作函数，一般二进制文件值使用 read 函数读取，使用 write 函数写入。

6.5.3　文件本质

文件的本质是二进制字节数据，即所有的文件都是二进制文件，文本文件只是在写时把文本按一定编码转为二进制数据进行存储，在读时先读出二进制数据，再通过一定的编码转为文本。

微课 6-6
二进制文件

例 **6-5-1**　文本文件的二进制数据。

```
def writeFile():
    fobj = open("c:\\abc.txt", "wt")
    fobj.write("abc我们")
    fobj.close()


def readFile():
    fobj = open("c:\\abc.txt", "rb")
    data=fobj.read()
    for i in range(len(data)):
        print(hex(data[i]),end=" ")
    fobj.close()


try:
    writeFile()
    readFile()
except Exception as err:
    print(err)
```

程序结果：

```
0x61 0x62 0x63 0xce 0xd2 0xc3 0xc7
```

由此可见文本文件写入的"abc我们"，在文件中存储的二进制数据是0x61、0x62、0x63、0xce、0xd2、0xc3、0xc7，一共 7 个字节。

如果采用二进制文件写，那么 writeFile 函数可以改成：

```
def writeFile():
    fobj = open("c:\\abc.txt", "wb")
    fobj.write("abc我们".encode("gbk"))
    fobj.close()
```

其中 abc. txt 是以二进制"wb"打开的，因此 write 函数的数据必须是二进制数据，而且人们把字符串通过 GBK 编码转为二进制数据。

一般地文本文件的读写规则如下：

① 文本文件在写字符串时把字符串按规定的编码转为二进制数据写到文件中。

② 文本文件在读文件时首先读取二进制数据，再把二进制数据按指定的编码转为字符串。

③ 文本文件在读文件时把" \r"、" \r\n"、" \n"字符看成是换行符号。

6.5.4　【案例】二进制模式读写文本文件

1. 案例描述

二进制文件读写与文本文件 GBK 编码。

2. 案例分析

文件数据的本质是二进制数据，读写二进制文件是文件操作的本质。读文本文件只是读取二进制数据后按一定的编码转为文本，写文本文件只是先把文本按一定的编码转为二进制数据后写入二进制文件。

3. 案例代码

（1） GBK 编码读写文件

拓展案例

```python
def writeFileA():
    fobj = open("c:\\abc.txt", "wb")
    fobj.write("abc 我们".encode("gbk"))
    fobj.close()


def writeFileB():
    fobj = open("c:\xyz.txt", "wt")
    fobj.write("abc 我们")
    fobj.close()


def readFile(fileName):
    fobj = open(fileName, "rb")
    data=fobj.read()
    for i in range(len(data)):
        print(hex(data[i]),end=" ")
    print()
    fobj.close()
```

```
try:
    writeFileA()
    writeFileB()
    readFile("c:\\abc.txt")
    readFile("c:\\xyz.txt")
except Exception as err:
    print(err)
```

结果：

```
0x61 0x62 0x63 0xce 0xd2 0xc3 0xc7
0x61 0x62 0x63 0xce 0xd2 0xc3 0xc7
```

由此可见 writeFileA( ) 与 writeFileB( ) 是一样的。

（2）UTF-8 编码读写文件

```
def writeFileA():
    fobj = open("c:\\abc.txt", "wb")
    fobj.write("abc 我们".encode("utf-8"))
    fobj.close()


def writeFileB():
    fobj = open("c:\\xyz.txt", "wt",encoding="utf-8")
    fobj.write("abc 我们")
    fobj.close()


def readFile(fileName):
    fobj = open(fileName, "rb")
    data=fobj.read()
    for i in range(len(data)):
        print(hex(data[i]),end=" ")
    print()
    fobj.close()


try:
    writeFileA()
    writeFileB()
```

```
        readFile("c:\\abc.txt")
        readFile("c:\\xyz.txt")
except Exception as err:
    print(err)
```

结果：

```
0x61 0x62 0x63 0xe6 0x88 0x91 0xe4 0xbb 0xac
0x61 0x62 0x63 0xe6 0x88 0x91 0xe4 0xbb 0xac
```

由此可见 writeFileA( ) 与 writeFileB( ) 是一样的。

6.6 实践项目：教材记录管理

6.6.1 项目目标

本项目是通过面向对象的方法设计教材类 Book，包含教材国际标准书号 ISBN、名称（Title）、作者（Author）、出版社（Publisher），然后设计教材记录管理类 BookList 来管理一组教材记录。

程序运行后显示">"的提示符号，在">"后面可以输入 show、insert、update、delete 等命令实现记录的显示、插入、修改、删除等功能，执行一个命令后继续显示">"提示符号，如果输入 exit 就退出系统，输入的命令不正确时会提示正确的输入命令，操作过程类似单元 4 中的学生记录管理项目。

在程序启动时会读取 books. txt 的教程记录，在程序结束时会把记录存储在 books. txt 文件中。

6.6.2 项目实践

```python
class Book:
    def __init__(self, ISBN, Title, Author, Publisher):
        self.ISBN = ISBN
        self.Title = Title
        self.Author = Author
        self.Publisher = Publisher
    def show(self):
        print("% -16s % -16s % -16s % -16s" % (self.ISBN, self.
Title, self.Author, self.Publisher))
```

```python
class BookList:
    def __init__(self):
        self.books = []

    def show(self):
        print("%-16s %-16s %-16s %-16s" % ("ISBN", "Title", "Author",
"Publisher"))
        for s in self.books:
            s.show()

    def __insert(self, s):
        i = 0
        while (i < len(self.books) and s.ISBN > self.books[i].IS-
BN):
            i = i + 1
        if (i < len(self.books) and s.ISBN == self.books[i].ISBN):
            print(s.ISBN + "已经存在")
            return False
        self.books.insert(i, s)
        print("增加成功")
        return True

    def __update(self, s):
        flag = False
        for i in range(len(self.books)):
            if (s.ISBN == self.books[i].ISBN):
                self.books[i].Title = s.Title
                self.books[i].Author = s.Author
                self.books[i].Publisher = s.Publisher
                print("修改成功")
                flag = True
                break
        if (not flag):
            print("没有这个教材")
```

```python
        return flag

    def __delete(self, ISBN):
        flag = False
        for i in range(len(self.books)):
            if (self.books[i].ISBN == ISBN):
                del self.books[i]
                print("删除成功")
                flag = True
                break
        if (not flag):
            print("没有这个教材")
        return flag

    def delete(self):
        ISBN = input("ISBN=")
        if (ISBN != ""):
            self.__delete(ISBN)

    def insert(self):
        ISBN = input("ISBN=")
        Title = input("Title=")
        Author = input("Author=")
        Publisher = input("Publisher=")
        if ISBN != "" and Title != "":
            self.__insert(Book(ISBN, Title, Author, Publisher))
        else:
            print("ISBN、教材名称不能空")

    def update(self):
        ISBN = input("ISBN=")
        Title = input("Title=")
        Author=input("Author=")
        Publisher = input("Publisher=")
        if ISBN != "" and Title != "":
            self.__update(Book(ISBN, Title, Author, Publisher))
```

```python
        else:
            print("ISBN、教材名称不能空")


    def save(self):
        try:
            f = open("books.txt", "wt")
            for b in self.books:
                f.write(b.ISBN + "\n")
                f.write(b.Title + "\n")
                f.write(b.Author+ "\n")
                f.write(b.Publisher+"\n")
            f.close()
        except Exception as err:
            print(err)


    def read(self):
        self.books=[]
        try:
            f = open("books.txt", "rt")
            while True:
                ISBN = f.readline().strip("\n")
                Title = f.readline().strip("\n")
                Author = f.readline().strip("\n")
                Publisher = f.readline().strip("\n")
                if ISBN ! = "" and Title! ="" and Author!="" and
Publisher!="":
                    b = Book(ISBN,Title,Author,Publisher)
                    self.books.append(b)
                else:
                    break
            f.close()
        except:
            pass


    def process(self):
        self.read()
        while True:
```

```
            s = input(">")
            if (s == "show"):
                self.show()
            elif (s == "insert"):
                self.insert()
            elif (s == "update"):
                self.update()
            elif (s == "delete"):
                self.delete()
            elif (s == "exit"):
                break
            else:
                print("show:    show Books")
                print("insert: insert a new Book")
                print("update: insert a new Book")
                print("delete: delete a Book")
                print("exit:    exit")
        self.save()


books = BookList()
books.process()
```

本程序中先设计教材类 Book，然后设计教材记录管理类 BookList，在这个类中有一个 books = [ ] 是一个列表，列表的每个元素是一个 Book 对象，这样就记录了一组教材。

增加记录的函数是 insert 与 __ insert，其中 insert 完成教材信息的输入，__ insert 完成教材的真正插入，插入时通过扫描教材 ISBN 确定插入新教材的位置，保证插入的教材是按 ISBN 从小到大排列的。

更新记录的函数是 update 与 __ update，其中 update 完成教材信息的输入，__ update 完成教材记录的真正更新，更新时通过扫描教材的 ISBN 确定教材的位置，ISBN 不能更新。

删除记录的函数是 delete 与 __ delete，其中 delete 完成教材编号的输入，__ delete 完成教材记录的真正删除。

process 函数启动一个无限循环，不断显示命令提示符号 ">"，等待输入命令，能接受的命令是 show、insert、update、delete、exit，其他输入无效。

程序在结束时会把教材记录存储到 books.txt 文件中，且一本教材占 4 行，顺序是：

```
ISBN
Title
Author
Publisher
```

在下次程序启动时会从 books.txt 中读出存储的记录到内存列表 books 中，这个功能十分类似一个数据库的功能，只不过存储数据的是一个文件而不是数据库。

练习 6

1. 编写一个程序建立一个文本文件 abc.txt，向其中写入"abc\n"并存盘，查看 abc.txt 是几个字节的文件，说明为什么。

2. 用 Windows 记事本编写一个文本文件 xyz.txt，在其中存入"123"后按 Enter 键换行，存盘后查看文件应是 5 个字节长，用 read(1) 读该文件，看看要读 5 次还是 4 次就把文件读完，为什么？编写程序验证。

3. 编写程序查找某个单词（键盘输入）所出现的行号及该行的内容，并统计该单词在文件共出现多少次。

4. 设一个文本文件 marks.txt 中存储了学生的姓名及成绩如下：

张三　96

李四　95

……

每行为学生姓名与成绩，编写一个程序读取这些学生的姓名与成绩并按成绩从高到低的顺序输出到另外一个文件 sorted.txt 中。

5. 用二进制方式创建文件 abc 并写入"abc\r\nxyz\n\r123\r456\n"的字符串，查看该文件有多少个字节，再用文本文件的方式打开此文件并用 fgetc 来读，看看每次读出的是什么字符。

6. 用文本文件方式创建文件并写入"abc\nxyz\r\n123\r"字符串，再用二进制方式打开读取每个字节，看看每个字节是什么。

7. 编写一个程序，它能统计一篇英文文章中的 a～z 各个字母出现的次数（不分大小写），并按出现次数多少的顺序输出。

第7章

Python数据库操作

本章重点内容:

- MySQL 数据库连接。
- MySQL 数据库读写。
- MySQL 命令参数。
- SQLite 数据库操作。
- 实践项目: 学生成绩管理。
- 练习7。

PPT　MySQL 数据库
连接

7.1　MySQL 数据库连接

7.1.1　教学目标

数据可以存储在文件中，但是复杂的数据如果存储在文件中就必须对数据进行复杂的格式化工作，要不然就分不清各个数据字段了。数据库是专门用来存储数据的系统，使用数据库能自动格式化数据，能存储复杂的数据。本节目标是掌握 Python 操作数据库的方法，使得程序能存储诸如学生信息等数据。

7.1.2　连接 MySQL 数据库

MySQL 是一个关系型数据库管理系统，由瑞典 MySQL AB 公司开发，目前属于 Oracle 旗下产品。MySQL 是最流行的关系型数据库管理系统之一，在 Web 应用方面，MySQL 是最好的关系数据库管理系统（Relational Database Management System，RDBMS）应用软件。

MySQL 所使用的 SQL 语言是用于访问数据库的最常用标准化语言。MySQL 软件采用了双授权政策，分为社区版和商业版，由于其体积小、速度快、总体拥有成本低，尤其是开放源码这一特点，一般中小型网站的开发都选择 MySQL 作为网站数据库。

Python 没有自带对 MySQL 数据库的支持，必须另外安装。安装也很简单，进入 Python 的安装目录的 scripts 子目录，找到 pip. exe 文件执行：

```
pip install pymysql
```

就可以安装 pymysql 的驱动程序，在 Python 中就可以使用 import pymysql 引入这个模块驱动 MySQL 数据库。

Python 连接 MySQL 数据库的方法如下：

```
con= pymysql. connect (host ="127. 0. 0. 1", port =3306, user ="root",
passwd ="123456", db ="mydb", charset ="utf8")
```

其中 connect 是 pymysql 的连接函数，连接的数据库位于服务器 host 上，它可以是服务器的 IP 地址或者服务器名称，这里是 127. 0. 0. 1 的本地 MySQL 数据库。port =3306 是 MySQL 数据库的默认端口号。user、password 是 MySQL 中的一个用户名称与密码，其中 root 用户是最高级用户。

第 7 章 Python 数据库操作 | 195

db＝"mydb" 是 MySQL 数据库的数据库名称，在连接之前必须在 MySQL 中
建立名称为 mydb 的数据库。charset＝"utf8" 表示文本数据采用 UTF－8
编码。

例 7-1-1　Python 连接 MySQL 的 MyDB 数据库。

```
import pymysql
try:
    con = pymysql.connect(host="127.0.0.1", port=3306, user=
"root", passwd="123456", db="mydb", charset="utf8")
    print("连接成功")
    con.close()
except Exception as err:
    print(err)
```

执行该程序，如果 MySQL 是正常开启的而且 pymysql 正确安装，那么可
以看到"连接成功"的提示。

7.1.3　操作数据库

Python 操作数据库的主要步骤如下。

① 建立数据库连接，例如连接 mydb 的 MySQL 数据库：

```
    con = pymysql.connect(host="127.0.0.1", port=3306, user=
"root", passwd="123456", db="mydb", charset="utf8")
```

② 从连接对象获取数据库游标对象 cursor：

```
cursor = con.cursor(pymysql.cursors.DictCursor);
```

其中 cursor 是一个重要的对象，可以使用它执行各种各样的 SQL 命令，
方法是：

```
cursor.execute(SQL)
```

其中 execute 是 cursor 的方法，用来执行 SQL 命令。

③ 操作完数据库后调用 commit() 提交所有的操作，把更新写入数据库
文件。

④ 调用 con.close() 关闭数据库。

例 7-1-2　在 MySQL 的 MyDB 数据库中创建一张学生记录表 students，包含学号 pNo、姓名 pName、性别 pGender、年龄 pAge 字段。

```python
import pymysql
sql="""
create table students
(
    pNo varchar(16) primary key,
    pName varchar(16),
    pGender varchar(8),
    pAge int
)
"""
con = pymysql.connect(host="127.0.0.1", port=3306, user="root",
passwd="123456", db="mydb", charset="utf8")
cursor = con.cursor(pymysql.cursors.DictCursor);
try:
    cursor.execute(sql)
    print("done")
except Exception as err:
    print(err)
cursor.close()
```

第 1 次执行程序结果显示 "done"，说明创建数据表 students 成功，第 2 次运行程序可以看到结果 " table students already exists"，它表明再次执行建立表格的命令失败了，因为 students 表已经存在。

7.1.4　【案例】学生数据表的创建

1. 案例描述

建立学生表 students，并插入几条记录。

2. 案例分析

学生数据表 students 定义如下：

```sql
create table students
(
    pNo varchar(16) primary key,
    pName varchar(16),
```

```
    pGender varchar(8),
    pAge int
)
```

这个表可以在 MySQL 环境中创建，也可以使用 Python 代码创建。

3. 案例代码

```
import pymysql
sql="""
create table students
(
    pNo varchar(16) primary key,
    pName varchar(16),
    pGender varchar(8),
    pAge int
)
"""
con = pymysql.connect(host="127.0.0.1", port=3306, user="root",
passwd="123456", db="mydb", charset="utf8")
cursor = con.cursor(pymysql.cursors.DictCursor);
try:
    cursor.execute(sql)
except:
    cursor.execute("delete from students")
cursor.execute("insert into students (pNo,pName,pGender,pAge)
values ('1','A','男',20)")
cursor.execute("insert into students (pNo,pName,pGender,pAge)
values ('2','B','女',21)")
con.commit()
con.close()
print("done")
```

程序在开始执行语句：

```
try:
    cursor.execute(sql)
except:
    cursor.execute("delete from students")
```

如果 students 表不存在就建立，如果存在就抛出异常，而程序不理会这个异常，接下来删除这个表中已经存在的记录。

最后使用：

```
cursor.execute ("insert into students (pNo, pName, pGender,
pAge) values ('1','A','男',20)")
cursor.execute ("insert into students (pNo, pName, pGender,
pAge) values ('2','B','女',21)")
```

执行两条 insert 的 SQL 命令插入两条记录，执行完毕后调用：

```
con.commit()
```

把更新写入数据库，这是很有必要的，否则插入的记录还在内存中，没有真正写到数据库表中，最后执行 con.close() 关闭数据库。

执行完毕后可以在 MySQL 的环境中看到 students 表中包含这样两条记录。

7.2 MySQL 数据库读写

7.2.1 教学目标

数据库存储的数据要进行读取与更新，如 7.1 节 students 表中的学生记录要读出显示，还要进行更新、删除、增加等操作。本节目标就是维护 students 表的查询（select）、增加（insert）、删除（delete）、更新（update）这些基本的数据库操作。

7.2.2 读取数据库

如果要读取数据库表的数据则使用 SQL 的 select 命令，如读 students 表的数据则执行：

```
cursor.execute("select * from students")
```

执行完毕后接下来要使用：

```
cursor.fetchone()
```

其中 fetchone() 获取一行数据，第 1 次执行时得到第 1 行数据，再次执行时得到第 2 行数据，以此类推，如果到了记录集的最后再次执行 fetchone()

返回 None。

　　还有一种方法是使用 fetchall（）代替 fecthone（），fetchall（）一次可以读取所有的行，读取后一般再使用 for 循环取出每一行。

```
rows=cursor.fetachall()
for row in rows:
    print(row)
```

　　例 7-2-1　读取 students 表的记录。

```
import pymysql
try:
    con = pymysql.connect(host="127.0.0.1", port=3306, user=
"root", passwd="123456", db="mydb", charset="utf8")
    cursor = con.cursor(pymysql.cursors.DictCursor)
    cursor.execute("select * from students")
    while True:
        row=cursor.fetchone()
        print(row)
        if not row:
            break
    con.close()
except Exception as err:
    print(err)
```

结果：

```
{'pNo':'1','pName':'A','pGender':'男','pAge':20}
{'pNo':'2','pName':'B','pGender':'女','pAge':21}
None
```

　　由此可见第 1 次 fetchone（）读取返回第 1 条记录，第 2 次 fetchone（）读取返回第 2 条记录，第 3 次 fetchone（）读取返回 None。

　　例 7-2-2　读取 students 表的记录各个字段值。

```
import pymysql
try:
```

```
        con = pymysql. connect (host = "127.0.0.1", port = 3306, user =
"root", passwd="123456", db="mydb", charset="utf8")
        cursor = con. cursor (pymysql. cursors. DictCursor)
        cursor. execute ("select * from students")
        while True:
            row=cursor. fetchone ()
            if not row:
                break
            print (row["pName"], row["pGender"], row["pAge"])
        con. close ()
except Exception as err:
    print (err)
```

结果：

```
1 A 男 20
2 B 女 21
```

由此可见使用 row["pName"]、row["pGender"]、row["pAge"] 分别得到字段 pNo、pName、pGender、pAge 的值。

在执行 select 命令后读数据库数据除了使用 fetchone( ) 一行一行读取外，还可以使用 fetchall( ) 一次读取全部行。

例 7-2-3　fetchall( ) 读取 students 表的全部记录。

```
import pymysql
try:
    con = pymysql. connect (host = "127.0.0.1", port = 3306, user =
"root", passwd="123456", db="mydb", charset="utf8")
    cursor = con. cursor (pymysql. cursors. DictCursor)
    cursor. execute ("select * from students")
    rows=cursor. fetchall ()
    for row in rows:
        print (row["pName"], row["pGender"], row["pAge"])
    con. close ()
except Exception as err:
    print (err)
```

结果：

```
1 A 男 20
2 B 女 21
```

由此可见 fetchall( ) 能一次读取所有的行，读取的结果可以使用 for 循环得到每行数据。

7.2.3 【案例】学生数据表的管理

1. 案例描述

编写程序实现学生数据表 students 记录的查询、增加、更新、删除操作。

2. 案例分析

可以使用 insert、update、delete 等命令来更新数据库数据，每次执行：

```
cursor.execute(SQL)
```

后可以使用 cursor.rowcount 来获取受影响的行数。

3. 案例代码

```
import pymysql
try:
    con = pymysql.connect(host="127.0.0.1", port=3306, user=
"root", passwd="123456", db="mydb", charset="utf8")
    cursor = con.cursor(pymysql.cursors.DictCursor)
    cursor.execute("delete from students")
    print(cursor.rowcount)
    cursor.execute("insert into students (pNo,pName,pGender, pAge)
values ('1','A','男',20)")
    print(cursor.rowcount)
    cursor.execute("insert into students (pNo,pName,pGender, pAge)
values ('2','B','女',21)")
    print(cursor.rowcount)
    cursor.execute("update students set pName='X' where pNo='1'")
    print(cursor.rowcount)
    cursor.execute("update students set pName='X' where pNo='3'")
    print(cursor.rowcount)
    cursor.execute("delete from students where pNo='1'")
```

```
        print(cursor.rowcount)
        cursor.execute("delete from students where pNo='3'")
        print(cursor.rowcount)
        con.commit()
        con.close()
except Exception as err:
    print(err)
```

结果：

```
2
1
1
1
0
1
0
```

由此可见 delete from students 命令删除 2 条记录，然后每条插入命令都插入 1 条记录，之后：

```
update students set pName='X' where pNo='1'
```

更新了一条记录，但是：

```
update students set pName='X' where pNo='3'
```

没有更新记录，因为没有 pNo='3' 的记录。

同样：

```
delete from students where pNo='1'
```

删除了一条记录，但是：

```
delete from students where pNo='3'
```

没有删除记录，因为没有 pNo='3' 的记录。

特别注意，所有数据库更新操作完毕后要执行 con.commit() 命令，不然这些更新只保存在内存中，没有真正更新到数据库文件中。

7.3　MySQL 命令参数

7.3.1　教学目标

数据库操作的基本命令是 SQL 命令，而 SQL 命令一般是一个字符串，但是有些情况下由于数据的特殊性，并不能组织一条完整的 SQL 命令，这就要求使用带参数的 SQL 命令。本节目标是掌握带参数的 SQL 命令的使用方法，把特殊的二进制数据（如学生照片）、长文本数据（如学生简历）等存储到数据库中。

7.3.2　数据库参数

在使用 execute 执行 SQL 命令时会碰到两个问题：

① 如果数据复杂，组合的 SQL 命令可能会无效，例如 students 表中如果要插入一个学生的姓名是 R"J，那么：

```
sql="insert into students (pNo,pName) values ('1','R"J')"
```

这样的 SQL 命令是无效的，怎么样插入这样的记录就成了问题。

② 如果数据表包含一些复杂的字段，如学生表还有学生照片 pImage 字段以及备注字段 pNote，即：

```
create table studentExts
(
    pNo varchar(16) primary key,
    pName varchar(16),
    pGender varchar(8),
    pAge int,
    pImage blob,
    pNote text
)
```

那么要把二进制数据存储到 pImage 中，通过前面介绍的文本组合的 SQL 命令是不行的，同时 pNote 字段可能存储很多稀奇古怪的字符。

这些问题的提出使得我们不得不采用带参数的 execute 命令，其基本形式如下：

PPT　命令参数

PPT

```
cursor.execute(带参数的 SQL 命令,(参数列表))
```

其中带参数的 SQL 命令是 SQL 命令中把不确定的值用参数表示，MySQL
数据库参数统一用"%s" 表示，参数列表是对应参数的具体值，它们放在一
个元组或者列表中，例如：

```
cursor.execute("insert into students (pNo,pName) values (%s,%s)",
('1','R"J'))
```

在执行时 pNo、pName 的值是用参数%s、%s 表示的，具体的值由后面的
('1', 'R" J') 提供，因此 pNo='1', pName='R"J'。

7.3.3 【案例】学生数据表的管理

1. 案例描述
使用数据库 SQL 命令参数的方法管理学生数据表。

2. 案例分析
有了参数的 SQL 命令，就可以处理各种各样的数据了，设计一个 Student-
DB 的类来实现学生表的各种数据操作，例如插入一条记录：

```
sql="insert into students (pNo,pName,pGender,pAge) values (%s,
%s,%s,%s)"
self.cursor.execute(sql,(pNo,pName,pGender,pAge))
```

其中 SQL 中有 4 个%s 参数，对应的在 execute 命令中提供这 4 个参数的
具体值。

3. 案例代码

```
import pymysql

class StudentDB:
    def open(self):
        self.con = pymysql.connect(host="127.0.0.1", port=3306,
user="root", passwd="123456", db="mydb", charset="utf8")
        self.cursor = self.con.cursor(pymysql.cursors.DictCursor)
        try:
            sql="create table students (pNo varchar(16) primary
key,pName varchar(16),pGender varchar(8) ,pAge int)"
```

```
                    self.cursor.execute(sql)
            except:
                pass

    def close(self):
        self.con.commit()
        self.con.close()

    def clear(self):
        try:
            self.cursor.execute("delete from students")
        except Exception as err:
            print(err)

    def show(self):
        self.cursor.execute("select pNo,pName,pGender,pAge from
students")
        print("%-16s%-16s%-8s%-4s" % ("No","Name","Gender",
"Age"))
        rows=self.cursor.fetchall()
        for row in rows:
            print("%-16s%-16s%-8s%-4d" % (row["pNo"],row["pName"],
row["pGender"],row["pAge"]))

    def insert(self,pNo,pName,pGender,pAge):
        try:
            sql="insert into students (pNo,pName,pGender,pAge)
values (%s,%s,%s,%s)"
            self.cursor.execute(sql,(pNo,pName,pGender,pAge))
            print(self.cursor.rowcount," row inserted")
        except Exception as err:
            print(err)

    def update(self,pNo,pName,pGender,pAge):
        try:
            sql="update students set pName=%s,pGender=%s,pAge=%s
where pNo=%s"
```

```
                self.cursor.execute(sql,(pName,pGender,pAge,pNo))
                print(self.cursor.rowcount," row updated")
        except Exception as err:
            print(err)


    def delete(self, pNo):
        try:
            sql = "delete from students where pNo=%s"
            self.cursor.execute(sql, (pNo,))
            print(self.cursor.rowcount, " row deleted")
        except Exception as err:
            print(err)


db=StudentDB()
db.open()
db.clear()
db.insert("5","E","女",32)
db.show()
db.update("5","X","女",30)
db.show()
db.insert("2","B","女",20)
db.show()
db.delete("2")
db.show()
db.close()
```

结果：

```
1  row inserted
No              Name          Gender  Age
5               E             女       32
1  row updated
No              Name          Gender  Age
5               X             女       30
1  row inserted
No              Name          Gender  Age
2               B             女       20
```

```
5              X              女      30
1  row deleted
No             Name           Gender  Age
5              X              女      30
```

程序中设计 open 与 close 来打开与关闭数据库，clear( ) 清空数据库表 students 的数据，insert、update、delete 分别实现数据的插入、更新、删除，而 show 用来显示学生记录。

值得注意的是 delete 函数中的语句：

```
self.cursor.execute(sql, (pNo,))
```

其中（pNo,）表示只有一个元素的元组，不能写成：

```
self.cursor.execute(sql, (pNo))
```

这个（pNo）等效于 pNo，是一个单值，不是元组。

7.4　SQLite 数据库操作

PPT　SQLite 数据库操作

7.4.1　教学目标

MySQL 数据库的功能十分强大，通过 Pymysql 的驱动 Python 能很好地操作 MySQL 数据库，但是 MySQL 数据库毕竟比较庞大，在有些场合不一定实用。SQLite 数据库是一个微型的嵌入式数据库，如果不考虑大量数据的存储与用户的并发性等问题，对于一般的数据存储是足够的。本节目标是认识 SQLite 数据库，掌握 Python 操作 SQLite 数据库的方法。

7.4.2　SQLite 数据库

SQLite 是一款轻型的数据库，它的设计目标是嵌入式的，而且目前已经用于很多嵌入式产品中，它占用资源非常少。SQLite 第一个 Alpha 版本诞生于 2000 年 5 月，到目前为止，SQLite 最新版本是 SQLite 3。

Python 自带对 SQLite 3 数据库的支持，即安装了 Python 后就已经有了 SQLite 3 数据库驱动。Python 要连接 SQLite 3 数据库，要先引入 SQLite 3 模块，然后使用 connect 方法连接，例如：

```
import sqlite3
con=sqlite3.connect("test.db")
```

其中 connect 是 SQLite 3 的一个方法，test. db 是 SQLite 3 数据库文件，文件名称与扩展名可以任意，test. db 对应当前目录下的一个数据库文件。如果 test. db 不存在就创建它，并打开对它的连接，如果 test. db 已经存在就打开连接。connect 返回的对象 con 是一个数据库连接对象，用它可以操作数据库。

例 7-4-1　**Python 连接 SQLite 数据库。**

```
import pymysql
try:
    con = sqlite3.connect("students.db")
    print("连接成功")
    con.close()
except Exception as err:
    print(err)
```

执行该程序看到"连接成功"，如果 students. db 不存在就建立这个文件，并建立连接，如果 students. db 已经存在就仅仅建立连接。

7.4.3　操作数据库

Python 操作数据库的主要步骤如下：

① 建立数据库连接，例如连接 test. db 的 SQLite 3 数据库：

```
con=sqlite3.connect("test.db")
```

② 从连接对象获取数据库游标对象 cursor：

```
cursro=con.cursor()
```

其中 cursor 是一个重要的对象，可以使用它执行各种各样的 SQL 命令，方法是：

```
cursor.execute(SQL)
```

其中 execute 是 cursor 的方法，用来执行 SQL 命令。

③ 操作完数据库后调用 commit( )提交所有的操作，把更新写入数据库文件。

④ 调用 con. close( )关闭数据库。

例 7-4-2　建立一个学生数据库 **students. db**，并创建一张学生记录表 **students**，包含学号 **pNo**、姓名 **pName**、性别 **pGender**、年龄 **pAge** 字段。

```
import sqlite3
sql="""
create table students
(
    pNo varchar(16) primary key,
    pName varchar(16),
    pGender varchar(8),
    pAge int
)
"""
try:
    con=sqlite3.connect("students.db")
    cursor=con.cursor()
    try:
        cursor.execute(sql)
    except:
        cursor.execute("delete from students")
    cursor.execute("insert into students (pNo,pName,pGender,
pAge) values ('1','A','男',20)")
    cursor.execute("insert into students (pNo,pName,pGender,
pAge) values ('2','B','女',21)")
    cursor.execute("select * from students")
    rows=cursor.fetchall()
    for row in rows:
        print(row[0],row[1],row[2])
    con.commit()
    con.close()
except Exception as err:
    print(err)
```

执行程序时如果 students 表不存在就建立，如果已经存在就删除其中的所有记录，插入两条新的记录，并读出后显示。程序使用 row[0]、rows[1]、row[2]、row[3] 分别得到字段 pNo、pName、pGender、pAge 的值。值得注意的是这种方法获取字段值不直观，最好能使用字段名称来获取，例如用

row["pNo"] 获取 pNo 字段的值，但是 Python 的 SQLite 驱动在这个方面还做得不是太好，通过字段名称获取字段比较复杂。

7.4.4 数据库参数

在 SQLite 中 SQL 命令的参数使用"?" 而不是"%s" 符号，例如：

```
cursor.execute("insert into students (pNo,pName) values (?,?)",
('1','R"J'))
```

其他操作与 MySQL 类似。

7.4.5 【案例】学生数据表的管理

1. 案例描述
使用 SQLite 3 数据库管理学生数据表。

2. 案例分析
SQLite 3 数据库的操作与 MySQL 十分相似，不同的是 SQLite 3 是 Python 内嵌的数据库，操作更加简单。

3. 案例代码

```
import sqlite3
try:
    con=sqlite3.connect("students.db")
    cursor = con.cursor();
    cursor.execute("delete from students")
    print(cursor.rowcount)
    cursor.execute("insert into students (pNo,pName,pGender,pAge) values (?,?,?,?)",('1','A','男',20))
    print(cursor.rowcount)
    cursor.execute("insert into students (pNo,pName,pGender,pAge) values (?,?,?,?)",('2','B','女',21))
    print(cursor.rowcount)
    cursor.execute("update students set pName=? where pNo=?",('X','1'))
    print(cursor.rowcount)
    cursor.execute("update students set pName=? where pNo=?",('X','3'))
```

拓展案例

```
        print(cursor.rowcount)
        cursor.execute("delete from students where pNo=?",('1',))
        print(cursor.rowcount)
        cursor.execute("delete from students where pNo=?",('3',))
        print(cursor.rowcount)
        con.commit()
        con.close()
except Exception as err:
        print(err)
```

结果：

```
1
1
1
1
0
1
0
```

由此可见这些结果与 MySQL 类似。

7.5　实践项目：学生成绩管理

7.5.1　项目目标

学生成绩记录包括学号（pNo）、姓名（pName）、语文成绩（pChinese）、数学成绩（pMath）、英语成绩（pEnglish），它们存储在 MySQL 的 MyDB 数据库的 marks 表中。程序的功能包括：

- 显示成绩：显示全部学生成绩记录。
- 增加成绩：增加新的成绩记录。
- 更新成绩：更新指定学号的成绩记录。
- 删除成绩：删除指定学号的成绩记录。
- 导出成绩：把数据库成绩导出到 marks.txt 文件。
- 导入成绩：从指定的文本文件导入成绩到数据库中。

7.5.2　项目设计

1. 数据库设计

成绩存储在 MyDB 的 marks 表中，marks 表的建立命令如下：

```
create table marks (pNo varchar(16) primary key,pName varchar(16),
pChinese float,pMath float,pEnglish float)
```

2. 增加成绩、更新成绩、删除成绩

这些功能与前面很多示例很相似，不再赘述。

3. 导出成绩

把数据库的成绩按一定文件格式导出到文本文件是十分有用的，本程序导出的文件 marks.txt 格式如下：

```
学号,姓名,语文,数学,英语
111,张三,67.0,78.0,90.0
222,James,57.0,78.0,45.0
```

其中第 1 行是标题，第 2 行后是数据，每条记录占一行，各个字段的值用逗号分开，导出函数设计如下：

```
def export(self):
    try:
        f=open("marks.txt","wt")
        self.cursor.execute("select * from marks")
        f.write("学号,姓名,语文,数学,英语 \n")
        rows = self.cursor.fetchall()
        for row in rows:
            f.write(row["pNo"]+","+row["pName"]+","+str(row
["pChinese"])+","+str(row["pMath"])+","+str(row["pEnglish"])+"\n")
        f.close()
        print("成绩导出完毕")
    except Exception as err:
        print(err)
```

4. 导入成绩

程序能够从与 marks.txt 文件格式一样的文本文件中批量导入成绩到数据库，这个功能是十分有用和高效的，不用一条条记录输入。

要导入成绩必须要求导入文件有严格的格式，第 1 行是学号、姓名、语文、数学、英语的标题，第 2 行后是数据，每个数据行的成绩都经过严格的控制，设计函数 __ parseMark 来获取字符串 s 表示的成绩，保证 s 表示一个 [0，100] 之内的合理成绩。

```python
def __parseMark(self,s):
    m=0
    try:
        m=float(s)
        if m<0 or m>100:
            m=0
    except:
        pass
    return m
```

7.5.3　项目实践

```python
import pymysql
import os

class MarkDB:
    def open(self):
        self.con = pymysql.connect(host="127.0.0.1", port=3306,
user="root", passwd="123456", db="mydb", charset="utf8")
        self.cursor = self.con.cursor(pymysql.cursors.DictCursor)
        try:
            sql = "create table marks (pNo varchar(16) primary key,
pName varchar(16) ,pChinese float,pMath float,pEnglish float)"
            self.cursor.execute(sql)
        except:
            pass

    def close(self):
        self.con.commit()
        self.con.close()

    def clear(self):
```

```
        try:
            self.cursor.execute("delete from marks")
        except Exception as err:
            print(err)


    def show(self):
        try:
            self.cursor.execute("select * from marks")
            print("%-16s%-16s%-8s%-8s%-8s" %  ("学号", "姓名", "语
文", "数学", "英语"))
            rows = self.cursor.fetchall()
            for row in rows:
                print("%-16s%-16s%-8.0f%-8.0f%-8.0f" %  (row["pNo"],
row["pName"], row["pChinese"], row["pMath"],row["pEnglish"]))
        except Exception as err:
            print(err)


    def __insert(self, pNo, pName, pChinese, pMath,pEnglish):
        try:
            sql = "insert into marks (pNo,pName,pChinese,pMath,
pEnglish) values (%s,%s,%s,%s,%s)"
            self.cursor.execute(sql, (pName, pChinese, pMath, pEn-
glish,pNo))
            print(self.cursor.rowcount, " row inserted")
        except Exception as err:
            print(err)


    def __update(self, pNo, pName, pChinese, pMath,pEnglish):
        try:
            sql ="update marks set pName=%s,pChinese=%s,pMath=%s,
pEnglish=%s where pNo=%s"
            self.cursor.execute(sql, (pName, pChinese, pMath, pEn-
glish, pNo))
            print(self.cursor.rowcount, " row updated")
        except Exception as err:
            print(err)
```

```python
def __delete(self, pNo):
    try:
        sql = "delete from marks where pNo=%s"
        self.cursor.execute(sql, (pNo,))
        print(self.cursor.rowcount, " row deleted")
    except Exception as err:
        print(err)


def enterMark(self, s):
    while True:
        m = input(s)
        try:
            m = float(m)
            if m >= 0 and m <= 100:
                break
        except Exception as err:
            print(err)
    return m


def insert(self):
    pNo = input("学号:").strip()
    pName = input("姓名:").strip()
    if pNo != "" and pName != "":
        pChinese = self.enterMark("语文:")
        pMath = self.enterMark("数学:")
        pEnglish = self.enterMark("英语:")
        self.__insert(pNo, pName, pChinese, pMath, pEnglish)
    else:
        print("学号、姓名不能空")


def update(self):
    pNo = input("学号:").strip()
    pName = input("姓名:").strip()
    if pNo != "" and pName != "":
        pChinese = self.enterMark("语文:")
        pMath = self.enterMark("数学:")
```

```python
            pEnglish = self.enterMark("英语:")
            self.__update(pNo, pName, pChinese, pMath, pEnglish)
        else:
            print("学号、姓名不能空")

    def delete(self):
        pNo = input("学号:").strip()
        if pNo ! = "":
            self.__delete(pNo)
        else:
            print("学号不能空")

    def export(self):
        try:
            f = open("marks.txt","wt")
            self.cursor.execute("select * from marks")
            f.write("学号,姓名,语文,数学,英语 \n")
            rows = self.cursor.fetchall()
            for row in rows:
                f.write(row["pNo"]+","+row["pName"]+","+str(row
["pChinese"])+","+str(row["pMath"])+","+str(row["pEnglish"])+" \n")
            f.close()
            print("成绩导出完毕")
        except Exception as err:
            print(err)

    def __parseMark(self,s):
        m=0
        try:
            m=float(s)
            if m<0 or m>100:
                m=0
        except:
            pass
        return m
```

```
    def load(self):
        try:
            s=input("输入导入文件路径与名称:")
            if os.path.exists(s):
                f=open(s,"rt")
                s=f.readline().strip("\n")
                st=s.split(",")
                if len(st)==5 and st[0]=="学号" and st[1]=="姓名"
and st[2]=="语文" and st[3]=="数学" and st[4]=="英语":
                    s="going"
                    while s!="":
                        s=f.readline().strip("\n")
                        if s!="":
                            st=s.split(",")
                            if len(st)==5:
                                pNo=st[0].strip()
                                pName=st[1].strip()
                                pChinese=self.__parseMark(st[2])
                                pMath = self.__parseMark(st[3])
                                pEnglish = self.__parseMark(st[3])
                                if pNo!="" and pName!="":
                                    self.__insert(pNo,pName, pChi-
nese,pMath,pEnglish)
                    print("成绩导入完毕")
                else:
                    print("文件格式不正确")
                f.close()
            else:
                print(s+"文件不存在")
        except Exception as err:
            print(err)

    def process(self):
        self.open()
        while True:
            s=input(">")
            if s=="show":
```

```
                    self.show()
                elif s=="insert":
                    self.insert()
                elif s=="update":
                    self.update()
                elif s=="delete":
                    self.delete()
                elif s=="export":
                    self.export()
                elif s=="load":
                    self.load()
                elif s=="exit":
                    break
                else:
                    print("Accept commands: show/insert/update/delete/
export/load/exit")
                    print("show   --- show the rows")
                    print("insert --- insert a new row")
                    print("update --- update a row")
                    print("delete --- delete a row")
                    print("export --- export to marks.txt")
                    print("load   --- load from a file")
                    print("exit   --- exit and stop")
            self.close()

db=MarkDB()
db.process()
```

程序运行后显示">"提示符，接受的命令是 show、insert、update、delete、export、load、exit 之一，根据不同的命令执行不同的操作。

练习 7

1. 简述 Python 连接 MySQL 数据库的方法。
2. fetchone()如何判断读到数据库末尾？

3. 简述 fetchall( ) 与 fetchone( ) 的区别。

4. rowcount( ) 返回值代表什么？

5. MySQL 中如何使用带参数的 SQL 命令？

6. 数据库操作完成后为什么要调用 commit( ) 函数？

7. 什么是游标 cursor，它有什么作用？

8. Python 如何连接 SQLite 数据库？

第8章

Python网络编程

本章重点内容：

- 网络通信程序。
- 整数网络传输。
- 字符串网络传输。
- 实践项目：网络文件传输。
- 练习8。

8.1 网络通信程序

PPT 网络通信程序

PPT

8.1.1 教学目标

网络通信程序是由服务器程序与客户端程序组成的，一般服务器先运行，处于监听状态，客户端运行后连接服务器，连接成功后服务器生成一个与客户端通信的 Socket 对象，这样客户端与服务器就可以通信了。本节目标就是建立这组通信程序。

8.1.2 网络程序

TCP 协议的 Socket 套接字主要有两个参数：通信的目的 IP 地址和使用的端口号。Socket 原意是"插座"。通过将这两个参数结合起来，与一个"插座"Socket 绑定，就可以实现客户端与服务器的通信了。Socket 可以看成在两个程序进行通信连接中的一个端点，一个程序将一段信息写入 Socket 中，该 Socket 将这段信息发送到另外一个 Socket 中，使这段信息能传送到另外一个程序中。例如客户端程序将一段信息写入 Socket 中，Socket 的内容被客户端的网络管理软件访问，并将这段信息通过网络接口卡发送到服务器，服务器的网络接口卡接收到这段信息后传送给服务器的网络管理软件，网络管理软件将这段信息再次输送到服务器的 Socket 中，然后服务器程序就能在 Socket 中阅读这段信息了。要通过互联网进行通信，至少需要一对套接字，一个运行于客户机端，另一个运行于服务器端。

根据连接启动的方式以及本地套接字要连接的目标，套接字之间的连接过程可以分为服务器监听、客户端请求、连接确认 3 个步骤。服务器监听是服务器端套接字，并不定位具体的客户端套接字，而是处于等待连接的状态，实时监控网络状态。客户端请求是指由客户端的套接字提出连接请求，要连接的目标是服务器端的套接字。为此，客户端的套接字必须首先描述它要连接的服务器的套接字，指出服务器端套接字的地址和端口号，然后就向服务器端套接字提出连接请求。连接确认是指当服务器端套接字监听到或者说接收到客户端套接字的连接请求，它就响应客户端套接字的请求，一旦客户端确认了此描述，连接就建立好了。

套接字的这种通信连接十分类似于打电话，服务器的 IP 地址或者计算机名称就是电话号码，端口号就是分机号码，服务器运行时电话一直处于监听状态。客户端连接服务器就类似给服务器打电话，打服务器电话就必须指定电话号码（IP 地址或者计算机名称）以及分机号码（端口号），一旦打通后服务器电话就响铃，当有人接起服务器电话后就在服务器端与客户端建立了一条通信线路，于是双方就可以互相发送信息了。

8.1.3　客户端与服务器

根据套接字 Socket 的原理，设计下面的服务器程序与客户端程序，服务器启动后监听客户端的连接，一旦有客户端连接到来，就在服务器端与客户端建立各自的套接字 Socket 对象，于是就可以通信了，下面就以这个程序为例，说明服务器与客户端是怎么样连接与通信的。

1. 服务器程序

```python
import socket
try:
    s = socket.socket()
    host = socket.gethostname()
    port = 2345
    s.bind((host, port))
    s.listen()
    print(host,"在监听...");
    c= s.accept()[0]
    print('客户端连接')
    data='欢迎,我是服务器'.encode()
    n=c.send(data)
    d=c.recv(1024)
    d=d.decode()
    print(d)
    c.close()
    s.close()
except Exception as e:
    print(e)
```

2. 客户端程序

```python
import socket
input("按任意键开始连接服务器...")
try:
```

```
    s = socket.socket()
    host = socket.gethostname()
    port = 2345
    s.connect((host, port))
    print("连接服务器成功");
    d=s.recv(1024);
    d=d.decode();
    print(d)
    s.send("我是客户端".encode())
    s.close()
except Exception as e:
    print(e)
```

3. 通信过程

服务器建立 Socket 对象，然后绑定到本机的 2345 端口，开始监听：

```
s.bind((host, port))
s.listen()
```

然后开始等待客户端的连接：

```
c = s.accept()[0]
```

这条语句是一个等待语句，没有客户端连接时一直处于等待状态，程序阻塞。一旦有客户端连接到来，就结束等待，返回服务器该连接的套接字 c 与连接地址 addr。特别注意这个 c 是 Socket 对象，与 s 不一样，s 是负责监听的对象，而 c 是针对目前的客户端连接建立的与客户端通信的另外一个 Socket 对象。其中 s.accept( ) 函数返回多个值，第 1 个就是这个通信 Socket 对象。

客户端在启动后用一个 input 语句来暂停程序的执行，当用户按一个键后开始建立一个 Socket 对象连接服务器：

```
s = socket.socket()
host = socket.gethostname()
port = 2345
s.connect((host, port))
```

由于客户端与服务器都在同一台计算机上运行，所以 host 地址是一样的，连接的端口 2345 就是服务器监听的端口。

一旦通过 s. connect(host，port）连接成功，服务器的 s. accept( )语句就结束，然后服务器向客户端发送字符串"欢迎，我是服务器"：

```
data='欢迎,我是服务器'.encode()
n=c.send(data)
```

要发送的字符串必须转为二进制数据，因为网络传输的数据本质是二进制数据。

客户端连接成功后使用 recv 函数接收数据：

```
d=s.recv(1024);
d=d.decode();
print(d)
```

其中 s. recv(1024）最大接收 1 024 字节数据，接收后转为字符串，因此显示出"欢迎，我是服务器"。

客户端接收数据后再次使用 send 函数向服务器发送字符串"我是客户端"：

```
s.send("我是客户端".encode())
```

然后就关闭 Socket：

```
s.close()
```

服务器接收数据：

```
d=c.recv(1024)
d=d.decode()
print(d)
```

打印出"我是客户端"，然后关闭 Socket：

```
c.close()
s.close()
```

整个客户端与服务器的通信过程结束。

8.1.4　【案例】网络通信程序

1. 案例描述

服务器启动后处于监听状态，客户端连接服务器后发送信息给服务器，服务器接收后返回"Hi，你发送的信息是：……"，然后继续监听下一个客户端连接。

2. 案例分析

服务器的监听语句是：

```
c= s.accept()[0]
```

如果要服务器能继续监听客户端的连接，那么就要构造一个循环：

```
while True:
    c= s.accept()[0]
    #do something
```

3. 案例代码

（1）服务器程序

```
import socket
try:
    s = socket.socket()
    host = socket.gethostname()
    port = 2345
    s.bind((host, port))
    s.listen()
    print(host,"在监听...")
    while True:
        c= s.accept()[0]
        d=c.recv(1024)
        d=d.decode()
        d="Hi,你发送的信息是:"+d
        d=d.encode()
        c.send(d)
        c.close()
    s.close()
except Exception as e:
    print(e)
```

（2）客户端程序

```
import socket
```

```
input("按任意键开始连接服务器...")
try:
    s = socket.socket()
    host = socket.gethostname()
    port = 2345
    s.connect((host, port))
    d=input("输入要发送的字符串:")
    d=d.encode()
    s.send(d)
    d=s.recv(1024)
    d=d.decode()
    print(d)
    s.close()
except Exception as e:
    print(e)
```

客户端执行的效果如下：

```
按任意键开始连接服务器...
输入要发送的字符串:hello
Hi,你发送的信息是:hello
```

8.2　整数网络传输

8.2.1　教学目标

　　网络上读写的数据本质上是连续的二进制数据流字节，要把整数进行网络传输，就必须把整数转为二进制数据流写入网络，然后在网络的另外一端读取二进制数据把它反向变回整数数据。本节目标就是要掌握整数的这种传输方法。

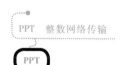
PPT　整数网络传输

8.2.2　整数与二进制数据

　　在计算机中一个整数通常是 4 个或者 8 个字节的二进制数据，怎么样得到整数的二进制数据呢？Python 中有一个 struct 模块，使用它的 pack 函数可以把一个整数转为二进制数据，使用它的 unpack 函数可以把二进制数据再次反向转化为整数。使用这两个函数要设置整数的格式 "@ i"，其中"@ "是格式引导符号，"i"代表整数。

例如：

```
n=100
data=struct.pack("@i",n)
m=struct.unpack("@i",data)[0]
```

那么 data 是 n=100 整数的二进制数据，而 struct.unpack（"@i"，data）把 data 二进制数转为整数，它返回一个元组数据，第一个数据就是转换的整数。

一个整数到底是 4 个字节还是 8 个字节二进制数据是由系统决定的，例如在 32 位系统中是 4 字节，64 位系统为 8 字节，具体是多少字节可以通过 struct.calcsize（"@i"）得到。

根据这个原理，编写出通过 Socket 套接字在网络中写整数 n 的函数 writeInt：

```
def writeInt(socket,n):
    data=struct.pack("@i",n) .
    socket.send(data)
```

同样编写一个从网络中读出一个整数的函数：

```
def readInt(socket):
    size=struct.calcsize("@i")
    data=socket.recv(size)
    n=struct.unpack("@i",data)[0]
    return n
```

函数先计算整数的字节数 size，然后从网络中读出 size 个字节，把它转为整数即可。

8.2.3 【案例】整数网络传输

1. 案例描述

客户端连接服务器后向服务器发送一个整数，服务器接收后返回这个整数给客户端。

2. 案例分析

要发送整数就必须把这个整数转为二进制数据，转换的语句可以采用 struct.pack。要接收整数就必须从二进制流中读出整数占的字节数，通过 struct.calcsize 计算得到，然后读出这个字节数，通过 struct.unpack 把它转为整数。

3. 案例代码

(1) 服务器程序

```python
import socket
import struct

def readInt(socket):
    size=struct.calcsize("@i")
    data=socket.recv(size)
    n=struct.unpack("@i",data)[0]
    return n

def writeInt(socket,n):
    data=struct.pack("@i",n)
    socket.send(data)

try:
    s = socket.socket()
    host = socket.gethostname()
    port = 2345
    s.bind((host, port))
    s.listen()
    print(host,"在监听...");
    c= s.accept()[0]
    print('客户端连接')
    n=readInt(c)
    print(n)
    writeInt(c,n)
    c.close()
    s.close()
except Exception as e:
    print(e)
```

(2) 客户端程序

```python
import socket
import struct
```

```
def readInt(socket):
    size=struct.calcsize("@i")
    data=socket.recv(size)
    n=struct.unpack("@i",data)[0]
    return n

def writeInt(socket,n):
    data=struct.pack("@i",n)
    socket.send(data)

try:
    a=input("输入整数")
    a=int(a)
    s = socket.socket()
    host = socket.gethostname()
    port = 2345
    s.connect((host, port))
    print("连接服务器成功");
    writeInt(s,a)
    b=readInt(s)
    print(b)
    s.close()
except Exception as e:
    print(e)
```

先执行服务器程序再执行客户端程序，在客户端输入一个整数如 100，服务器就接收到该整数然后回写给客户端，客户端再次读到这个整数，客户端执行结果如下：

```
输入整数 100
连接服务器成功
100
```

8.3 字符串网络传输

8.3.1 教学目标

网络上读写的数据本质上是连续的二进制数据流字节，要把字符串进行网络传输，就必须把字符串转为二进制数据流写入网络，然后在网络的另外一端读取二进制数据把它反向变回字符串数据。本节目标就是要掌握字符串的这种传输方法。

8.3.2 字符串与二进制

在计算机中字符串是由多个字节组成的，因此要传输一个字符串时必须先告知对方该字符串有多少个字节，后面跟着该字符串的字节数据。

根据这个原理，编写出通过 Socket 套接字在网络中写字符串的函数 writeString：

```python
def writeString(socket,s):
    data=s.encode("utf-8")
    size=len(data)
    d=struct.pack("@i",size)
    socket.send(d)
    socket.send(data)
```

写字符串时先把字符串转为二进制数据，写这个字符串的长度整数，然后写字符串的二进制数据。

同样编写一个从网络中读出一个字符串的函数：

```python
def readString(socket):
    size=struct.calcsize("@i")
    d=socket.recv(size)
    n=struct.unpack("@i",d)[0]
    data=socket.recv(n)
    return data.decode("utf-8")
```

函数先计算整数的字节数 size，然后从网络中读出 size 个字节，把它转为整数 n，它是字符串的长度，再读取 n 字节，把它转为字符串。

8.3.3 【案例】字符串网络传输

1. 案例描述

客户端连接服务器后向服务器发送一个字符串，服务器接收后返回这个字符串给客户端。

2. 案例分析

要发送字符串就必须先规定字符串的格式，即把二进制数据格式化成字

拓展案例

符串。先用一个整数来引导这个字符串，整数表示字符串的字节数，字符串的格式见表 8-3-1。

表 8-3-1

整数	字符串的二进制数据

读字符串时先读一个整数，然后按这个整数指示的数目再读出二进制数据，把这个二进制数据转为字符串就是了。

3. 案例代码

（1）服务器程序

```python
import socket
import struct

def readString(socket):
    size=struct.calcsize("@i")
    d=socket.recv(size)
    n=struct.unpack("@i",d)[0]
    data=socket.recv(n)
    return data.decode("utf-8")

def writeString(socket,s):
    data=s.encode("utf-8")
    size=len(data)
    d=struct.pack("@i",size)
    socket.send(d)
    socket.send(data)

try:
    s = socket.socket()
    host = socket.gethostname()
    port = 2345
    s.bind((host, port))
    s.listen()
    print(host,"在监听...");
    c= s.accept()[0]
    print('客户端连接')
```

```
        u = readString(c)
        print(u)
        writeString(c,u)
        c.close()
        s.close()
except Exception as e:
        print(e)
```

（2）客户端程序

```
import socket
import struct


def readString(socket):
    size = struct.calcsize("@i")
    d = socket.recv(size)
    n = struct.unpack("@i",d)[0]
    data = socket.recv(n)
    return data.decode("utf-8")


def writeString(socket,s):
    data = s.encode("utf-8")
    size = len(data)
    d = struct.pack("@i",size)
    socket.send(d)
    socket.send(data)


try:
    a = input("输入字符串:")
    s = socket.socket()
    host = socket.gethostname()
    port = 2345
    s.connect((host, port))
    print("连接服务器成功");
    writeString(s,a)
    b = readString(s)
    print(b)
```

```
        s.close()
except Exception as e:
        print(e)
```

　　先执行服务器程序使得服务器处于监听状态，再运行客户端程序，输入一个字符串后就连接服务器，把这个字符串发送给服务器，服务器接收到这个字符串后再次把它返回给客户端，于是客户端又收到该字符串，最后两边都关闭套接字，通信过程结束。

8.4　实践项目：网络文件传输

8.4.1　项目目标

　　设计一个客户端程序与服务器程序，客户端选择一个要上传的文件，就把文件上传给服务器，服务器接收文件后保存该文件到磁盘。

　　以下是客户端上传文件"c:\实训指导书.docx"文件到服务器的过程。

1. 客户端过程

上传文件路径名称：c:\实训指导书.docx

文件名称：实训指导书.docx

文件尺寸：49963B

上传成功！

2. 服务器过程

服务器在监听...

文件名称：实训指导书.docx

文件尺寸：49963B

上传成功！

8.4.2　项目设计

　　客户端要上传文件而服务器要接收文件，它们之间就必须要有一个协议，因为网络的数据是连续的二进制数据流，如果不对这个二进制数据流进行划分，指定哪段是文件名称，哪段是数据，数据到底有多少字节，那么服务器是没有办法确定文件名称与文件数据的。协议是双方约定的，一经约定双方就必须遵守这个协议，按这个协议工作。

　　在这个上传与接收程序中客户端与服务器约定如下的协议：

- 服务器在监听，等待客户端连接。
- 客户端输入要上传的文件名称 fileName。
- 客户端读出文件数据 data，计算文件长度 size。
- 客户端去掉 fileName 的路径部分，保留最后的文件名称。
- 客户端连接服务器，连接成功后上传文件名称字符串 fileName。
- 客户端上传文件字节数 size 整数。
- 服务器接收到客户端连接，生成一个 Socket 的通信对象。
- 服务器读取文件名称 fileName 字符串。
- 服务器读取文件字节数 size 整数。
- 服务器创建 fileName 文件准备写文件。
- 服务器从 Socket 中读取 size 个字节并保存到 fileName 文件中。
- 服务器接收文件结束，最后向客户端发送 "OK" 信息，最后关闭 Socket 对象。
- 客户端接收到 "OK" 信息并关闭 Socket 对象，上传过程结束。

8.4.3　项目实践

根据客户端与服务器端约定的协议编写服务器与客户端程序，其中采用 readInt、writeInt 来读写整数，采用 readString、writeString 来读写字符串。

1. 服务器程序 server. py

```python
import socket
import struct


def readInt(socket):
    size=struct.calcsize("@i")
    data=socket.recv(size)
    n=struct.unpack("@i",data)[0]
    return n


def writeInt(socket,n):
    data=struct.pack("@i",n)
    socket.send(data)


def readString(socket):
    size=struct.calcsize("@i")
    d=socket.recv(size)
```

```
        n=struct.unpack("@i",d)[0]
        data=socket.recv(n)
        return data.decode("utf-8")

def writeString(socket,s):
    data=s.encode("utf-8")
    size=len(data)
    d=struct.pack("@i",size)
    socket.send(d)
    socket.send(data)

try:
    s = socket.socket()
    host = socket.gethostname()
    port = 2345
    s.bind((host, port))
    s.listen()
    print(host,"在监听 ...");
    c= s.accept()[0]
    fileName = readString(c)
    print("文件名称:" + fileName)
    size = readInt(c)
    print("文件尺寸:", size)
    data = b""
    while len(data) < size:
        d = c.recv(size)
        if len(d) > 0:
            data = data + d
        else:
            break
    fobj = open(fileName, "wb")
    fobj.write(data)
    fobj.close()
    print("上传成功!")
    writeString(c, "OK")
    c.close()
```

```
        s.close()
except Exception as e:
    print(e)
```

2. 客户端程序 client.py

```python
import socket
import struct
import os


def readInt(socket):
    size=struct.calcsize("@i")
    data=socket.recv(size)
    n=struct.unpack("@i",data)[0]
    return n


def writeInt(socket,n):
    data=struct.pack("@i",n)
    socket.send(data)


def readString(socket):
    size=struct.calcsize("@i")
    d=socket.recv(size)
    n=struct.unpack("@i",d)[0]
    data=socket.recv(n)
    return data.decode("utf-8")


def writeString(socket,s):
    data=s.encode("utf-8")
    size=len(data)
    d=struct.pack("@i",size)
    socket.send(d)
    socket.send(data)


try:
    fileName = input("上传文件路径名称:")
    if os.path.exists(fileName):
```

```
        fobj = open(fileName, "rb")
        data = fobj.read()
        fobj.close()
        p = fileName.rfind("\\")
        fileName = fileName[p + 1:]
        size = len(data)
        print("文件名称:", fileName)
        print("文件尺寸:", size)
        s = socket.socket()
        host = socket.gethostname()
        port = 2345
        s.connect((host, port))
        writeString(s, fileName)
        writeInt(s, size)
        s.send(data)
        resp = readString(s)
        if resp == "OK":
            print("上传成功!")
        else:
            print("上传失败!")
        s.close()
    else:
        print(fileName+"不存在!")
except Exception as e:
    print(e)
```

先运行服务器程序使得服务器处于监听状态，再运行客户端程序，输入一个要上传的文件名称，客户端就连接服务器，首先向服务器发送文件名称字符串，然后发送该文件的二进制数据长度整数，最后发送文件二进制数据。服务器按客户端发送的顺序分别读取文件名称与数据，然后把文件保存到磁盘中，完成整个上传过程。根据同样的原理，读者也可以编写程序完成一个文件的下载过程。

如果要求服务器能同时处理多个客户端用户的上传与下载工作，就必须在服务器端创建多个线程，一个线程完成一个客户端的工作。有兴趣的读者可以进一步学习 Python 多线程的程序编写，设计出功能更加强大的网络程序，限于篇幅本教程不再讲述。

练习 8

1. 套接字是什么？为什么在服务器端与客户端建立了套接字就可以通信了？

2. 整数怎么样转为二进制数据？二进制数据又怎么样转为整数？

3. 字符串怎么样转为二进制数据？二进制数据又怎么样转为字符串？转化与编码有关吗？

4. 能否设计出其他的字符串传输的格式完成字符串的网络传输？

5. 设计一个服务器程序与客户端程序，完成一个文件的下载过程。

第9章

Python综合项目

本章重点内容：

- 我的所得税计算器。
- 神奇的 Kaprekar 变换数。
- 我的万年日历。
- 学生成绩统计管理。
- 我的英汉小词典。
- 练习 9。

拓展案例

9.1 我的所得税计算器

9.1.1 项目描述

所得税计算器是人们日常生活中常用的，在已知一个人的总收入后计算出要缴的税，本程序能用于计算要缴的个人所得税。

9.1.2 项目设计

如果规定个税起征点是 2 000 元，当超过 2 000 元时个人所得税的计算方法见表 9-1-1。在已经知道收入的情况下要计算个人所得税，显然要判断收入值的范围，根据不同的收入值，选取不同的所得税率进行计算。

表 9-1-1 税 率 表

级　　数	全月应纳税所得额	税率%
1	不超过 500 元的	5
2	超过 500 元至 2 000 元的部分	10
3	超过 2 000 元至 5 000 元的部分	15
4	超过 5 000 元至 20 000 元的部分	20
5	超过 20 000 元至 40 000 元的部分	25
6	超过 40 000 元至 60 000 元的部分	30
7	超过 60 000 元至 80 000 元的部分	35
8	超过 80 000 元至 100 000 元的部分	40
9	超过 100 000 元的部分	45

例 9-1-1 如一个人的收入是 3 500 元，计算所得税。

3 500 中的 3 500-2 000 = 1 500 的部分要上缴所得税，按规定计算过程如下：

1 500 中的 500 所得税是 500 * 5%，余下 1 000；

1 000 按 10% 计算，所得税是 1 000 * 10%；

因此所得税 = 500 * 5% + 1 000 * 10%

例 9-1-2 如一个人的收入是 8 000 元，计算所得税。

8 000 中的 8 000-2 000 = 6 000 的部分要上缴所得税，按规定计算过程如下：

6 000 中的 500 所得税是 500 * 5%，余下 5 500 元；

5 500 中的 1 500 按 10% 计算，所得税 1 500 * 10%，余下 4 000；

4 000 中的 3 000 按 15% 计算，所得税 3 000 * 15%，余下 1 000；

1 000 按 20% 计算，所得税 1 000 * 20%；

因此所得税 = 500 * 5% + 1 500 * 10% + 3 000 * 15%

由此可见在已经知道收入的情况下要计算个人所得税，显然要判断收入值的范围，根据不同的收入值，选取不同的所得税率进行计算。在计算过程中可以先计算好各个范围的所得税，其他以此类推：

t500 = 500 * 0. 05

t2 000 = t500 + (2 000 − 500) * 0. 1

t5 000 = t2 000 + (5 000 − 2 000) * 0. 15

t20 000 = t5 000 + (20 000 − 5 000) * 0. 2

t40 000 = t20 000 + (40 000 − 20 000) * 0. 25

t60 000 = t40 000 + (60 000 − 40 000) * 0. 3

t80 000 = t60 000 + (80 000 − 60 000) * 0. 35

t100 000 = t80 000 + (100 000 − 80 000) * 0. 40

其中 t500 是在 500 元内的所得税，t2 000 是在 2 000 元内的所得税，t5 000 是在 5 000 元内的所得税，其他以此类推。

解决这个问题要用到分支语句的多重嵌套与多重结构，如果 s 是超出 2 000 元部分的收入，那么可以使用下面的 if 逻辑来计算所得税：

```
if(s<500):
    t=s * 0.05
elif (s<2000):
    t=t500+(s-500)*0.1
elif (s<5000):
    t=t2000+(s-2000)*0.15
elif (s<20000):
    t=t5000+(s-5000)*.2
elif (s<40000):
    t=t20000+(s-20000)*.25
elif (s<60000):
    t=t40000+(s-40000)*.3
elif (s<80000):
    t=t60000+(s-60000)*.35
elif (s<100000):
    t=t80000+(s-100000)*.4
else:
    t=t100000+(s-100000)*.45
```

例如 s = 4 000，那么落在 elif（s < 5 000）范围，所得税是 t = t2 000 +（s - 2 000）* 0.15，其中 2 000 元内的已经计算在 t2 000 中了，超过 2 000 元的部分的所得税是（s - 2 000）* 0.15。

9.1.3 项目代码

```
try:
    w=input("总收入:")
    w=float(w)
    s=w-2000
    t500=500 * 0.05
    t2000=t500+(2000-500)*0.1
    t5000=t2000+(5000-2000)*0.15
    t20000=t5000+(20000-5000)*0.2
    t40000=t20000+(40000-20000)*.25
    t60000=t40000+(60000-40000)*.3
    t80000=t60000+(80000-60000)*.35
    t100000=t80000+(100000-80000)*.40
    #计算所得税
    if(s<500):
        t=s*0.05
    elif (s<2000):
        t=t500+(s-500)*0.1
    elif (s<5000):
        t=t2000+(s-2000)*0.15
    elif (s<20000):
        t=t5000+(s-5000)*.2
    elif (s<40000):
        t=t20000+(s-20000)*.25
    elif (s<60000):
        t=t40000+(s-40000)*.3
    elif (s<80000):
        t=t60000+(s-60000)*.35
    elif (s<100000):
        t=t80000+(s-100000)*.4
    else:
```

```
        t=t100000+(s-100000)*.45
    print("所得税:%.2f" % t)
except Exception as e:
    print(e)
```

9.2　神奇的 Kaprekar 变换数

9.2.1　项目描述

1949 年，来自印度德伏拉利的数学家 D. R. Kaprekar 设计了一个被称为 Kaprekar 变换的操作。首先选择一个四位不全相同的整数（即不是 1111、2222、…），然后重新安排每一位上的数字得到一个最大数和最小数。接着，用最大的数减去最小的数从而获得一个新的数，重复以上操作以不断得到新的数，最后必然得到 6174，可以通过计算机来验证这个规律。

9.2.2　项目设计

实际上不但对于四位数有这个规律，对于三位数和五位数也有类似的规律。

1. 三位数

对于三位数 abc，如果 a、b、c 3 个数字不完全相同，那么把它们按从大到小的顺序重新排列得到一个最大的三位数，再重新按从小到大的顺序排列得到一个最小的三位数，计算它们的差再次得到一个新的三位数 abc，再次如此循环下去，最后必然得到的三位数是 495。

例如从 753 开始进行 Kaprekar 变换，步骤如下：

753－357 = 396

963－369 = 594

954－459 = 495

954－459 = 495

数字 495 便是三位数在 Kaprekar 变换下唯一的核，易验证所有的三位数通过这个变换都会得到 495。

2. 四位数

对于四位数 abcd，如果 a、b、c、d 4 个数字不完全相同，那么把它们按从大到小的顺序重新排列得到一个最大的四位数，再重新按从小到大的顺序排列得到一个最小的四位数，计算它们的差再次得到一个新的四位数 abcd，再次如此循环下去，最后必然得到的四位数是 6 174。

例如从 2 005 开始，重排这个数的四个位数得到最大数是 5 200，最小数是 0 025，即 25（如果有一个以上的 0，那就把 0 放左边），接下来的过程如下：

5 200−0 025 ＝ 5 175

7 551−1 557 ＝ 5 994

9 954−4 599 ＝ 5 355

5 553−3 555 ＝ 1 998

9 981−1 899 ＝ 8 082

8 820−0 288 ＝ 8 532

8 532−2 358 ＝ 6 174

7 641−1 467 ＝ 6 174

当得到 6 174 这个数后，下一步都会得到 6 174 这个数，以后每一步都不断重复，把 6 174 这个数称为这个变换的核。事实上，对于所有四位不全相同的数字通过以上操作都能达到 6 174 这个唯一的数。Kaprekar 变换是如此的简单，却从中发现了这个有趣的结果。

3. 五位数

不过五位数呢？可以找到一个类似 6 174 或 495 那样的五位数的核吗？对于五位数 abcde，如果 a、b、c、d、e 5 个数字不完全相同，那么把它们按从大到小的顺序重新排列得到一个最大的五位数，再重新按从小到大的顺序排列得到一个最小的五位数，计算它们的差再次得到一个新的五位数 abcde，再次如此循环下去，最后必然得到的五位数是 71 973、75 933、59 994 这三个中的一个。

由此可见五位数并不能得到一个唯一的核，不过所有的五位数通过 Karprekar 变换可以得到以下 3 个循环：

71 973→83 952→74 943→62 964→71 973

75 933→63 954→61 974→82 962→75 933

59 994→53 955→59 994

9.2.3　项目代码

1. 验证三位数

```
def toList(n):
    d=[0,0,0]
    i=2
```

第 9 章　Python 综合项目　｜　247

```
        while i>=0:
            d[i]=n%10
            n=n//10
            i=i-1
        return d
    def process():
        for a in range(0,10):
            for b in range(0,10):
                for c in range(0,10):
                    if not(a==b and a==c):
                        n=a*100+b*10+c
                        print("verify ",n)
                        while n!=495:
                            d=toList(n)
                            d.sort()
                            min=d[0]*100+d[1]*10+d[2]
                            max= d[2]*100 + d[1]*10 + d[0]
                            n=max-min
                            print("% 03d"% max,"-","% 03d"% min," =",
"% 03d"% n)

    process()
```

2. 验证四位数

```
    def toList(n):
        d=[0,0,0,0]
        i=3
        while i>=0:
            d[i]=n%10
            n=n//10
            i=i-1
        return d

    def enter():
        while True:
            try:
                n=input("输入一个数字不完全相同的四位数:")
```

```
            n=int(n)
            if n>=1000 and n<=9999:
                d=toList(n)
                if d[0]==d[1] and d[0]==d[2] and d[0]==d[3]:
                    print("四位数字不能完全相同")
                else:
                    break
        except Exception as e:
            print(e)
    return n
def process():
    n=enter()
    print(n)
    while n!=6174:
        d=toList(n)
        d.sort()
        min=d[0]*1000+d[1]*100+d[2]*10+d[3]
        max= d[3]*1000 + d[2]*100 + d[1]*10 + d[0]
        n=max-min
        print("% 04d"% max,"-","% 04d"% min,"=","% 04d"% n)


process()
```

3. 验证五位数

```
#验证程序
def toList(n):
    d=[0,0,0,0,0]
    i=4
    while i>=0:
        d[i]=n% 10
        n=n//10
        i=i-1
    return d


def process():
    for a in range(0,10):
```

```
                    for b in range(0,10):
                        for c in range(0,10):
                            for d in range(0,10):
                                for e in range(0,10):
                                    if not(a==b and a==c and a==d and a==e):
                                        n=a*10000+b*1000+c*100+d*10+e
                                        print("verify ",n)
                                        while n!=71973 and n!=75933 and n!=
59994:
                                            x=toList(n)
                                            x.sort()
                                            min=x[0]*10000+x[1]*1000+x[2]*
100+ x[3]*10+x[4]

                                            max= x[4]*10000+x[3]*1000+x[2]*
100+ x[1]*10+x[0]

                                            n=max-min
                                            print("% 05d"% max,"-","% 05d"% min,
"=", "% 05d"% n)


    process()
```

9.3　我的万年日历

9.3.1　项目描述

日历是人们日常生活中常用的工具，人们常常要知道某一年的日历，还要知道历史上任何一个日期是星期几，本程序的功能就能满足这些要求。

9.3.2　项目设计

1. 闰年的判断

判断一年 y 是否是闰年，只要下面的两个条件之一成立：

① y 可以被 4 整除，同时不能被 100 整除。

② y 可以被 400 整除。

因此可以编写一个判断闰年的函数 isLeap 如下：

```
def isLeap(y):
    return y%400==0 or y%4==0 and y%100!=0
```

2. 某月最大天数

不同的月份最大天数不同，1、3、5、7、8、10、12 月为 31 天，2 月要么是 28 天（平年）要么是 29 天（闰年），设计 months 列表：

```
months=[0,31,28,31,30,31,30,31,31,30,31,30,31]
```

其中 months[0] 是没有意义的，默认为 0，months[1] 是 1 月的最大天数 31 天。

3. 某日期是星期几

要知道 y 年 m 月 d 日是星期几，根据日历历法的规则可以知道计算方法，必须先知道这一天是该年的第几天，这个函数设计为 countDays，它计算 y 年 m 月 d 日是该年第几天：

```
months=[0,31,28,31,30,31,30,31,31,30,31,30,31]

def isLeap(y):
    return (y%400==0 or y%4==0 and y%100!=0)

def countDays(y,m,d):
    global months
    days=d
    if isLeap(y):
        months[2] = 29
    else:
        months[2] = 28
    for n in range(1,m):
        days+=months[n]
    return days
```

其中判断 m 是在哪个月，把之前的整数月的天数全部累加，再加上日期 d 就是该年第几天了。例如 m=5，那么前面 m>=2，m>=3，m>=4，m>=5 的条件都成了，于是累加 1、2、3、4 月的天数，即 31+(28 or 29)+31+30，其中 2 月加 28（平年）或者 29（闰年）。

再根据下面的历法公式计算这一天是星期几：

```
((y-1)+(y-1)//400+(y-1)//4-(y-1)//100+countDays(y,m,1))%7
```

该计算值为 0、1、2、3、4、5、6 分别对应星期日、星期一、星期二、星期三、星期四、星期五、星期六，编写下面的 countWeek 函数计算 y 年 m 月 d 日是星期几：

```
def countWeek(y,m,d):
    days=countDays(y,m,d)
    y=y-1
    w=y+y//4+y//400-y//100+days
    w=w%7
    return w
```

4. 打印一个月的日历

设每个日期占输出宽度是 6 个字符，一个单元 6 个位置，则 7 个日期占 42 的字符宽度，计算 y 年 m 月 1 日是星期 w，然后通过：

```
for i in range(w):
    print("% -6s" %  " ",end="")
```

显示 w 个空单元，然后使用：

```
for d in range(1,md+1):
    print("% -6d" % d,end="")
    w=w+1
    if w%7==0:
        print()
```

打印这个月的日历，当 w 是 7 的倍数时就换行，打印下一个星期。

9.3.3　项目代码

```
months=[0,31,28,31,30,31,30,31,31,30,31,30,31]

def isLeap(y):
    return (y% 400==0 or y% 4==0 and y% 100!=0)

def countDays(y,m,d):
    global months
```

```
        days=d
    if isLeap(y):
        months[2] = 29
    else:
        months[2] = 28
    for n in range(1,m):
        days+=months[n]
    return days


def countWeek(y,m,d):
    days=countDays(y,m,d)
    y=y-1
    w=y+y//4+y//400-y//100+days
    w=w%7
    return w


def printWeek():
    global months
    s=input("yyyy-mm-dd:")
    s=s.split("-")
    if len(s)==3:
        try:
            y=int(s[0])
            m=int(s[1])
            d=int(s[2])
            if y<0:
                raise Exception("无效的年份")
            if m<0 or m>12:
                raise Exception("无效的月份")
            if isLeap(y):
                months[2] = 29
            else:
                months[2] = 28
            if d<1 or d>months[m]:
                raise Exception("无效的日期")
            w=countWeek(y,m,d)
```

```
            week = ["日","一","二","三","四","五","六"]
            print(y,m,d,"星期" + week[w])
        except Exception as e:
            print(e)
    else:
        print("无效日期")


def printMonth(y,m):
    global months
    w=countWeek(y,m,1)
    if isLeap(y):
        months[2]=29
    else:
        months[2]=28
    md=months[m]
    print("% -6s% -6s% -6s% -6s% -6s% -6s% -6s" % ("Sun","Mon",
"Tue", "Wed","Thu","Fri","Sat"))
    for i in range(w):
        print("% -6s" %  " ",end="")
    for d in range(1,md+1):
        print("% -6d" %  d,end="")
        w=w+1
        if w%7==0:
            print()


def printCalendar():
    try:
        y=input("输入年份:")
        y=int(y)
        for m in range(1,13):
            print()
            print("--------------",y,"年",m,"月 --------------")
            printMonth(y,m)
            print()
    except Exception as e:
        print(e)
```

```
while True:
    print()
    print("1. 计算某天星期几")
    print("2. 打印某年的日历")
    print("3. 退出")
    s=input("请选择(1,2,3)")
    if s=="1":
        printWeek()
    elif s=="2":
        printCalendar()
    elif s=="3":
        break
```

9.3.4　项目测试

1. 计算某天是星期几。
2. 打印某年的日历。
3. 退出。

9.4　学生成绩统计管理

9.4.1　项目描述

学生成绩的登记、存储、统计等是教学中常规的业务，学生成绩程序主要以学生的语文、数学、英语的成绩为蓝本，对这些成绩进行处理。学生成绩管理程序采用面向对象的程序设计方法设计，其主要功能如下。

1. 增加成绩

从键盘中录入每个学生的成绩，增加学生成绩记录，执行命令 insert，例如：

```
>insert
学号:1001
姓名:xxx
语文:78
数学:67
英语:78
```

2. 修改成绩

重新录入成绩，修改学生的成绩，录入的过程中如果某个字段不录入新的值就不更新该字段，执行命令 update，例如：

```
>update
学号:1001
姓名:
语文:87
数学:
英语:
```

那么只修改 1001 号学生的语文成绩，其他的不修改。

3. 删除成绩

录入学生的学号就删除成绩记录，执行命令 delete，例如：

```
>delete
学号:1001
```

4. 导入成绩

从文本文件 marks. txt 中批量导入成绩，文件格式如下：

```
学号
姓名
语文
数学
英语
```

每个字段值占一行，成绩必须有效，程序启动时会读取该文件数据。

5. 导出成绩

成绩按学号顺序导出到文件 marks. txt 中，这也是成绩存储的文件，程序结束时会把成绩保存到该文件。

6. 成绩统计

程序可以统计出各科成绩的平均值、均方差，执行命令 stat，例如：

```
>stat
```

7. 分段统计

程序可以统计各个分数段的人数，执行命令 range Chinese/math/English，分别按语文、数学、英语进行分段统计，例如：

```
>range math
```

即为按数学进行分段统计。

8. 成绩排序

程序可以按各科成绩进行排序输出，执行命令 order Chinese/math/English/ total，分别按语文、数学、英语、总分进行排序输出，例如：

```
>order total
```

即为按总分排序输出。

9.4.2 项目设计

1. 成绩功能模块

依据需求分析结果，学生成绩统计管理系统由以下 4 大功能模块组成：

（1）成绩管理

（2）成绩排序

（3）成绩统计

（4）成绩存储

2. 数据结构设计

```
class Mark:
    def __init__(self,no,name,chinese=0,math=0,english=0):
        self.no=no
        self.name=name
        self.chinese=chinese
        self.math=math
        self.english=english

class StudentMark:
    def __init__(self):
        self.marks=[]
```

其中 marks 中存储了学生成绩对象，即每个元素是一个 Mark 对象。

3. 程序命令设计

其见表 9-4-1。

表 9-4-1　程序命令设计

程 序 命 令	功 能 说 明
show	显示学生成绩
insert	插入学生成绩记录
update	更新学生成绩记录
delete	删除学生成绩记录
stat	统计学生成绩
range Chinese/math/english	统计各个分数段的人数，例如： Range math 统计数学成绩的分数段人数
Sort Chinese/math/english/total	按语文、数学、英语、总分排序输出成绩，例如： Sort total 按总分排序输出

9.4.3　项目代码

```python
import math
import os
import random


class Mark:
    def __init__(self,no,name,chinese=0,math=0,english=0):
        self.no=no
        self.name=name
        self.chinese=chinese
        self.math=math
        self.english=english

    def show(self):
        print("%-12s%-12s%-12d%-12d%-12d% ±2d"%(self.no,self.name,
self.chinese,self.math,self.english,self.chinese+self.math+self.
english))


class StudentMark:
    def __init__(self):
```

```python
        self.marks=[]

    def insert(self,m):
        #插入的 m.no 希望能按 no 顺序插入
        i=0
        while i<len(self.marks) and self.marks[i].no<m.no:
            i=i+1
        if i<len(self.marks) and self.marks[i].no==m.no:
            print(m.no+" already exists")
            return
        self.marks.insert(i,m)
        print("插入成功")

    def show(self):
        print("%-12s%-12s%-12s%-12s%-12s%-12s" % ("No",
"Name","Chinese","Math","English","Total"))
        for m in self.marks:
            m.show()
        print()

    def enter(self):
        try:
            no=input("学号:").strip() #trim()
            if no=="":
                raise Exception("学号不能为空")
            name=input("姓名:").strip()
            #if name=="":
            #raise Exception("姓名不能为空")
            m=input("语文:").strip()
            if m=="":
                m="0"
            m=int(m)
            if m<0 or m>100:
                raise Exception("无效的成绩")
            chinese=m
            m=input("数学:").strip()
```

```
            if m=="":
                m="0"
            m=int(m)
            if m<0 or m>100:
                raise Exception("无效的成绩")
            math=m
            m=input("英语:").strip()
            if m=="":
                m="0"
            m=int(m)
            if m<0 or m>100:
                raise Exception("无效的成绩")
            english=m
            m=Mark(no,name,chinese,math,english)
            return m
        except Exception as e:
            print(e)
        return None


def update(self,m):
    for i in range(len(self.marks)):
        if self.marks[i].no==m.no:
            if m.name!="":
                self.marks[i].name=m.name
            if m.chinese>0:
                self.marks[i].chinese=m.chinese
            if m.math>0:
                self.marks[i].math=m.math
            if m.english>0:
                self.marks[i].english=m.english
            print("更新成功")
            return
    print(m.no+"不存在")


def delete(self,no):
    i=0
    while i<len(self.marks):
```

```
                if self.marks[i].no==no:
                    del self.marks[i]
                    print("删除成功")
                    return
                else:
                    i=i+1
            print(no+"不存在")


    def orderBy(self,course):
        course=course.lower()
        print("order by ",course)
        print("% -12s% -12s% -12s% -12s% -12s% -12s" %  ("No",
"Name", "Chinese","Math","English","Total"))
        index=[]
        for m in self.marks:
            index.append(m)
        for i in range(len(index)):
            for j in range(i+1,len(index)):
                if course=="chinese":
                    if index[i].chinese>index[j].chinese:
                        k=index[i]
                        index[i]=index[j]
                        index[j]=k
                elif course=="math":
                    if index[i].math > index[j].math:
                        k = index[i]
                        index[i] = index[j]
                        index[j] = k
                elif course=="english":
                    if index[i].english > index[j].english:
                        k = index[i]
                        index[i] = index[j]
                        index[j] = k
                elif course=="total":
                        if index[i].chinese+index[i].math+index[i].
english > index[j].chinese+index[j].math+index[j].english:
```

```
                    k = index[i]
                    index[i] = index[j]
                    index[j] = k
        for m in index:
            m.show()
        print()


    def printChar(self,s,n):
        print("% -12s% -6d" % (s,n),end=":")
        if len(self.marks)>0:
            n=n*100//len(self.marks)
            for i in range(n):
                print(" * ",end="")
        print()


    def rangeBy(self,course):
        n0059=0
        n6069=0
        n7079=0
        n8089=0
        n90100=0
        course=course.lower()
        for i in range(len(self.marks)):
            if course=="chinese":
                m=self.marks[i].chinese
            elif course=="math":
                m=self.marks[i].math
            elif course=="english":
                m=self.marks[i].english
            if m<60:
                n0059+=1
            elif m<70:
                n6069+=1
            elif m<80:
                n7079+=1
            elif m<90:
```

```
                n8089+=1
          else:
                n90100+=1
    print(course+"各个分数段人数")
    #print("[0,59]:",n0059," [60,69]:",n6069," [70,79]: ",
n7079," [80,89]:",n8089," [90,100]:",n90100)
    self.printChar("[0,59]",n0059)
    self.printChar("[60,69]",n6069)
    self.printChar("[70,79]",n7079)
    self.printChar("[80,89]",n8089)
    self.printChar("[90,100]",n90100)
    print()


def statistics(self):
    if len(self.marks)==0:
        return
    ca=0
    cs=0
    ma=0
    ms=0
    ea=0
    es=0
    for m in self.marks:
        ca+=m.chinese
        cs+=m.chinese*m.chinese
        ma+=m.math
        ms+=m.math*m.math
        ea+=m.english
        es+=m.english*m.english
    ca=ca/len(self.marks)
    cs=math.sqrt(cs/len(self.marks)-ca*ca)
    ma=ma/len(self.marks)
    ms=math.sqrt(ms/len(self.marks)-ma*ma)
    ea=ea/len(self.marks)
    es=math.sqrt(es/len(self.marks)-ea*ea)
    print("语文平均分:%.2f  语文均方差:%.2f"% (ca,cs))
```

```python
        print("数学平均分:%.2f　数学均方差:%.2f" % (ma,ms))
        print("英语平均分:%.2f　英语均方差:%.2f" % (ea,es))
        print()


    def saveMarks(self):
        try:
            fobj=open("marks.txt","wt")
            for m in self.marks:
                fobj.write(m.no+"\n")
                fobj.write(m.name+"\n")
                fobj.write(str(m.chinese)+"\n")
                fobj.write(str(m.math) + "\n")
                fobj.write(str(m.english) + "\n")
            fobj.close()
        except Exception as e:
            print(e)


    def readMarks(self):
        self.marks=[]
        if not os.path.exists("marks.txt"):
            return
        try:
            fobj=open("marks.txt","rt")
            while True:
                try:
                    no=fobj.readline().strip("\n")
                    if no=="":
                        break
                    name = fobj.readline().strip("\n")
                    m=fobj.readline().strip("\n")
                    m=int(m)
                    if m<0 or m>100:
                        raise Exception("无效成绩")
                    chinese=m
                    m=fobj.readline().strip("\n")
                    m=int(m)
```

```
                              if m<0 or m>100:
                                  raise Exception("无效成绩")
                              math=m
                              m=fobj.readline().strip("\n")
                              m=int(m)
                              if m<0 or m>100:
                                  raise Exception("无效成绩")
                              english=m
                              self.marks.append(Mark(no,name,chinese,math,
english))
                      except Exception as ea:
                          print(ea)
                  fobj.close()
          except Exception as eb:
              print(eb)

      def process(self):
          self.readMarks()
          while True:
              s=input(">")
              s=s.lower()
              s=s.split(" ")
              if s[0]=="show":
                  self.show()
              elif s[0]=="order":
                  if len(s)>1:
                      self.orderBy(s[1])
                  else:
                      print("格式示范: order chinese")
              elif s[0]=="insert":
                  m=self.enter()
                  if m:
                      self.insert(m)
              elif s[0]=="update":
                  print("提示:不输入直接回车的字段不更新")
                  m=self.enter()
```

```
            if m:
                self.update(m)
        elif s[0]=="delete":
            no = input("学号:").strip()
            if no != "":
                self.delete(no)
            else:
                print("学号不能为空")
        elif s[0]=="range":
            if len(s) > 1:
                self.rangeBy(s[1])
            else:
                print("格式示范: range chinese")
        elif s[0] == "stat":
            self.statistics()
        elif s[0]=="exit":
            break
        else:
            print("有效的命令:")
            print("show")
            print("insert")
            print("update")
            print("delete")
            print("stat")
            print("order chinese/math/english/total")
            print("range chinese/math/english")
            print("exit")
        self.saveMarks()


sm=StudentMark()
sm.process()
```

9.4.4　程序测试

为了测试程序的各个功能，编写函数 createMarks 随机产生几十条学生成绩记录：

```python
def createMarks(self):
    n=random.randint(10,20)
    self.marks=[]
    for i in range(n):
        s=str(i+1)
        while len(s)<5:
            s="0"+s
        name=chr(ord("a")+random.randint(0,26))
        chinese=random.randint(0,100)
        math = random.randint(0, 100)
        english = random.randint(0, 100)
        self.marks.append(Mark(s,name,chinese,math,english))
```

经过 show、insert、update、delete、sort、range、stat 等命令的测试，程序功能完善。

9.5 我的英汉小词典

9.5.1 项目描述

英语学习中一个重要内容是记忆单词，设计一个英语小词典是十分有用的，这个小词典还有翻译功能，具有从文件及网络中获取新单词的功能。

"我的英语小词典"的功能如下：

1. 增加单词

从键盘中录入一个单词，增加该单词记录，执行命令 insert，例如：

```
>insert decide
```

增加单词 decide 成功。

2. 查找单词

从键盘中录入一个单词，查找该单词记录，执行命令 seek，例如：

```
>seek decide
decide --->决定
```

3. 删除单词

从键盘中录入一个单词，删除该单词记录，执行命令 delete，例如：

```
>delete decide
```

删除单词 decide 成功。

4. 翻译单词

从键盘中录入一个单词，访问百度的翻译 API，得到该单词的中文翻译，执行命令 translate，例如：

```
>translate decide
device --->设备
```

5. 文件获取单词

从键盘中录入一个文件名称，程序会扫描该文件获取所有的英语单词增加到字典中，执行命令 file，例如：

```
>file c:\english.txt
```

于是程序从 c:\english.txt 中获取所有的单词并增加到字典中。

6. 网络获取单词

从键盘中录入一个网络地址，程序会获取该网址的内容并扫描获取所有的英语单词增加到字典中，执行命令 web，例如：

```
>web http://www.python.org
```

于是程序从 http://www.python.org 中获取所有的单词并增加到字典中。

9.5.2　项目设计

1. 单词存储

单词存储在 MySQL 的 mydb 数据库的 words 表中，打开与关闭函数设计如下：

```python
def open(self):
    try:
        self.con = pymysql.connect(host="127.0.0.1", port=3306,
user="root", passwd="123456", db="mydb", charset="utf8")
        self.cursor=self.con.cursor(pymysql.cursors.DictCursor)
        try:
            self.cursor.execute("create table words (word varchar
(128) primary key,note varchar(1024))")
```

```
        except:
            pass
    except Exception as e:
        print(e)


def close(self):
    try:
        self.con.commit()
        self.con.close()
    except Exception as e:
        print(e)
```

2. 程序命令

见表 9-5-1。

表 9-5-1　程 序 命 令

程 序 命 令	功 能 说 明
show	显示英语单词
seek	查找英语单词
insert	插入英语单词记录
delete	删除英语单词记录
translate	翻译英语单词
file	扫描指定文件，获取单词
web	扫描指定网址，获取单词

3. 访问网站

可以使用 urllib 程序包中的相关函数编写程序来访问，设计一个程序如下：

```
import urllib.request
url = "http://127.0.0.1:5000"
html = urllib.request.urlopen(url)
html = html.read()
html = html.decode()
print(html)
```

分析该程序的功能：

（1）import urllib. request

这条语句的作用是引入 urllib. request 程序包，这是 Python 自带的程序包，不需要安装，该程序包的作用是访问网站。

（2）html = urllib. request. urlopen（url）

这条语句的作用是打开 url 对应的网址，这里为了简单说明问题，打开的是自己的微型网站 http://127. 0. 0. 1:5000，其中 urllib. request 是 urllib 中的一个子程序包，urlopen 是打开网站的函数。

（3）html = html. read（）

这个网站打开后就如同打开文件一样，要使用 read 函数读取网站的内容，读出的是二进制数据。

（4）html = html. decode（）

这条语句的作用是把二进制数据 html 转为字符串，转换的编码是 UTF-8。decode（）默认是使用 UTF-8 编码，也可以指定转换编码，例如 html = html. decode（"utf-8"）或者 html = html. decode（"gbk"），具体采用什么编码可以看网站的网页说明，如果编码不正确会出现汉字乱码。

（5）print（html）

显示网站的网页内容，传递过来的就是 index. htm 的网页数据。

由此可见 urllib. request. urlopen（url）是一个很重要的函数，它可以打开一个 url 对应的网站。

4. 翻译单词

翻译单词就在给定一个英语单词的情况下翻译成中文，可以调用百度的翻译 API。要调用百度的翻译 API 必须先注册成百度的开发者用户，访问网站：

http://api. fanyi. baidu. com/api/trans/product/index

可以在网站中填写个人信息完成注册，注册成功后会得到一个 appid 号与一个密码 key，例如：

```
appid=2015063000000001
key=12345678
```

这两个值是访问百度翻译所必备的。百度翻译 API 通过 HTTP 接口对外提供多语种互译服务。用户只需要通过调用百度翻译 API，传入待翻译的内容，并指定要翻译的源语言（支持源语言语种自动检测）和目标语言种类，就可以得到相应的翻译结果。翻译 API HTTP 地址：

http：//api. fanyi. baidu. com/api/trans/vip/translate

需要向该地址通过 POST 或 GET 方法发送下列字段来访问服务，具体见表 9-5-2。

表 9-5-2　访问服务的方法

字　段　名	类　　型	必填参数	描　　述	备　　注
q	TEXT	Y	请求翻译 query	UTF-8 编码
from	TEXT	Y	翻译源语言	语言列表（可设置为 auto）
to	TEXT	Y	译文语言	语言列表（不可设置为 auto）
appid	INT	Y	APP ID	可在管理控制台查看
salt	INT	Y	随机数	
sign	TEXT	Y	签名	appid+q+salt+密钥的 MD5 值

签名是为了保证调用安全而使用 MD5 算法生成的一段字符串，生成的签名长度为 32 位，签名中的英文字符均为小写格式，签名生成方法如下：

● 将请求参数中的 APPID（appid）、翻译 query（q，注意为 UTF-8 编码）、随机数（salt）以及平台分配的密钥，按照 appid+q+salt+密钥 的顺序拼接得到字符串 1。

● 对字符串 1 做 md5，得到 32 位小写的 sign。

注意：

① 须先将需要翻译的文本转换为 UTF-8 编码。

② 在发送 HTTP 请求之前需要对各字段做 URL encode。

③ 在生成签名拼接 appid+q+salt+密钥字符串时，q 不需要做 URL encode，在生成签名之后，发送 HTTP 请求之前才需要对要发送的待翻译文本字段 q 做 URL encode。

例如将 apple 从英文翻译成中文：

请求参数：

```
q=apple
from=en
to=zh
appid=2015063000000001
key=12345678
salt=1435660288
```

生成 sign：

```
>拼接字符串 1
拼接  appid = 2015063000000001 + q = apple + salt = 1435660288 + key =
12345678
得到字符串 1 = 2015063000000001apple143566028812345678
>计算签名 sign(对字符串 1 做 md5 加密,注意计算 md5 之前,串 1 必须为 UTF-8
编码)
sign = md5(2015063000000001apple143566028812345678)
sign = f89f9594663708c1605f3d736d01d2d4
```

完整请求为:

```
http://api.fanyi.baidu.com/api/trans/vip/translate? q = apple&from =
en&to = zh&appid = 2015063000000001&salt = 1435660288&sign = f89f9594663708
c1605f3d736d01d2d4
```

返回的结果是 JSON 字符串,正确格式如下:

```
{"from":"en","to":"zh","trans_result":[{"src":"apple","dst":
"\u82f9\u679c"}]}
```

把 JSON 字符串转为字典数据,就可以得到翻译的结果。
如果出现错误,会出现如下提示:

```
{"error_code":"54001","error_msg":"Invalid Sign"}
```

9.5.3　项目代码

```python
import urllib.request
import hashlib
import json
import random
import os
import pymysql


class MyWords:

    def open(self):
        try:
```

```python
            self.con = pymysql.connect(host="127.0.0.1", port=3306,
user="root", passwd="123456", db="mydb", charset="utf8")
            self.cursor=self.con.cursor(pymysql.cursors.DictCur-
sor)
            try:
                self.cursor.execute("create table words (word var-
char(128) primary key,note varchar(1024))")
            except:
                pass
        except Exception as e:
            print(e)

    def close(self):
        try:
            self.con.commit()
            self.con.close()
        except Exception as e:
            print(e)

    def insert_update(self,word,note=""):
        try:
            sql="insert into words (word,note) values (% s,% s)"
            self.cursor.execute(sql,(word,note))
            print("增加成功")
        except:
            #如果单词已经存在就执行更新
            if note!="":
                try:
                    sql="update words set note=% s where word=% s"
                    self.cursor.execute(sql,(word,note))
                    print("更新成功")
                except Exception as e:
                    print(e)

    def delete(self,word):
        try:
            sql="delete from words where word=% s"
            self.cursor.execute(sql,(word,))
```

```
            print("删除成功")
        except Exception as e:
            print(e)


    def show(self,w):
        try:
            if w=="":
                self.cursor.execute("select * from words")
            else:
                self.cursor.execute("select * from words where word
like '% "+w+"% '")
            rows=self.cursor.fetchall()
            n=0
            for row in rows:
                print("% -32s% s" %  (row["word"],row["note"]))
                n=n+1
                if n% 20==0:
                    input("Press any key to continue... ")
            print("Total ",n," words")
        except Exception as e:
            print(e)


    def seek(self, w):
        try:
            self.cursor.execute("select * from words where word=%
s",(w,))
            row = self.cursor.fetchone()
            if row:
                print("% -32s% s" %  (row["word"], row["note"]))
            else:
                print("没有找到单词")
        except Exception as e:
            print(e)


    def scanWord(self,s):
        s=s.lower()
```

```
        i=0
        w=""
        while i<len(s):
            c=s[i]
            if c>='a' and c<='z':
                w=w+c
            else:
                if w!="":
                    self.insert_update(w,"")
                    w=""
            i=i+1

    def scanFile(self,fileName):
        try:
            f=open(fileName,"rt")
            s=f.read()
            f.close()
            self.scanWord(s)
        except Exception as e:
            print(e)

    def scanWeb(self,url):
        try:
            resp=urllib.request.urlopen(url)
            data=resp.read()
            data=data.decode()
            self.scanWord(data)
        except Exception as e:
            print(e)

    def translate(self, word):
        try:
            url = "http://api.fanyi.baidu.com/api/trans/vip/trans-
late?from=en&to=zh"
            appid=2015063000000001
            key=12345678
```

```python
            salt = str(random.randint(100000, 999999))
            # appid+q+salt+密钥
            sign = appid + word + salt + key
            sign = hashlib.md5(sign.encode("utf-8")).hexdigest()
            url = url + "&q=" + word + "&appid=" + appid + "&salt=" +
salt + "&sign=" + sign
            resp = urllib.request.urlopen(url)
            data = resp.read()
            data = data.decode()
            data = json.loads(data)
            if "error_code" in data.keys():
                print("translate failed")
            else:
                dst = data["trans_result"][0]["dst"]
                dst = dst.replace(",", "")
                print(word, "--->", dst)
                self.insert_update(word, dst)
        except Exception as e:
            print(e)

    def process(self):
        self.open()
        while True:
            st = input(">").strip().lower()
            st = st.split(" ")
            s = st[0]
            t = ""
            if len(st) == 2:
                t = st[1]
            if s == "show":
                self.show(t)
            elif s == "seek":
                if t != "":
                    self.seek(t)
            elif s == "translate":
                if t != "":
```

```
                    self.translate(t)
        elif s == "insert":
            if t != "":
                self.insert_update(t,"")
        elif s == "delete":
            if t != "":
                self.delete(t)
        elif s == "file":
            fileName =t
            if fileName != "" and os.path.exists(fileName):
                self.scanFile(fileName)
        elif s == "web":
            url =t
            if url != "" and url.startswith("http://"):
                self.scanWeb(url)
        elif s == "exit":
            break
        else:
            print("显示单词    show words")
            print("查找单词    seek word")
            print("翻译单词    translate word")
            print("增加单词    insert word")
            print("删除单词    delete word")
            print("文件获取    file fileName")
            print("网络获取    web url")
            print("退出程序    exit")
    self.close()

mw =MyWords()
mw.process()
```

练习 9

1. 设计一个汉字编码表查询程序，程序可以使用 seek 命令查找任何一个字符的 GBK，Unicode，UTF-8 的编码，执行的命令格式是"seek 字符"，例如执行：

```
$ seek 我
输出：
我 GBK: CED2  Unicode: 6211  UTF-8: E68891
```

2. 数字迷宫是由 0、1 组成的一个 m 行 n 列的二维矩阵，例如：

0 0 0 1

0 0 0 0

0 0 1 0

即为一个 3 行 4 列的迷宫，其中每个元素是 0 或者 1。一个小虫从左上角的（0，0）进入，只能向上下左右行走，而且只能到达元素值为 0 的点，值为 1 的点不可以到达，然后从右下角的（2，3）点走出来。设计一个迷宫路径查找程序，随机生成一个 m 行、n 列的程序，为这个小虫找到所有的不重复的道路。例如这个迷宫的道路一共有下列几条：

Path 1   :->(0,0)->(0,1)->(0,2)->(1,2)->(1,3)->(2,3)

Path 2   :->(0,0)->(0,1)->(1,1)->(1,2)->(1,3)->(2,3)

Path 3   :->(0,0)->(1,0)->(1,1)->(1,2)->(1,3)->(2,3)

Path 4   :->(0,0)->(1,0)->(1,1)->(0,1)->(0,2)->(1,2)->(1,3)->
(2,3)

Path 5   :->(0,0)->(1,0)->(2,0)->(2,1)->(1,1)->(1,2)->(1,3)->
(2,3)

Path 6   :->(0,0)->(1,0)->(2,0)->(2,1)->(1,1)->(0,1)->(0,2)->
(1,2)->(1,3)->(2,3)

参 考 文 献

［1］ Eric Matthes. Python 编程从入门到实践［M］. 袁国忠，译. 北京：人民邮电出版社，2016.

［2］ 李佳宇. Python 零基础入门学习［M］. 北京：清华大学出版社，2016.

［3］ Mark Summerfield. Python 3 程序开发指南［M］. 王弘博，孙传庆，译. 北京：人民邮电出版社，2015.

郑重声明

高等教育出版社依法对本书享有专有出版权。任何未经许可的复制、销售行为均违反《中华人民共和国著作权法》，其行为人将承担相应的民事责任和行政责任；构成犯罪的，将被依法追究刑事责任。为了维护市场秩序，保护读者的合法权益，避免读者误用盗版书造成不良后果，我社将配合行政执法部门和司法机关对违法犯罪的单位和个人进行严厉打击。社会各界人士如发现上述侵权行为，希望及时举报，我社将奖励举报有功人员。

反盗版举报电话 （010）58581999　58582371
反盗版举报邮箱 dd@hep.com.cn
通信地址 北京市西城区德外大街4号　高等教育出版社法律事务部
邮政编码 100120

读者意见反馈

为收集对教材的意见建议，进一步完善教材编写并做好服务工作，读者可将对本教材的意见建议通过如下渠道反馈至我社。

咨询电话 400-810-0598
反馈邮箱 gjdzfwb@pub.hep.cn
通信地址 北京市朝阳区惠新东街4号富盛大厦1座　高等教育出版社总编辑办公室
邮政编码 100029